非线性振动能量收集系统建模、实验与动力学分析

李海涛　著

西北工业大学出版社

西　安

【内容简介】 本书对非线性压电能量收集技术进行系统研究，研究内容涉及结构创新设计、非线性动力学方法、随机振动和流固耦合实验与动力学分析方法。主要内容包括压电能量收集概述、基于三稳态阶梯状势能函数的能量收集效果改善策略、三稳态能量收集系统的同宿分岔及混沌动力学分析、多稳态尾流驰振能量收集系统的混沌动力学分析、基于磁耦合的单稳态驰振能量收集系统、驰振和基础激励下双稳态能量收集系统的非线性动力学和收集性能、基于复合钝体的涡激振动能量收集装置动力学与性能评估、基于条状修饰物钝体的风致振动动态响应及能量收集特性研究。

本书可供理工科高等学校从事非线性振动能量收集的高年级本科生、研究生，以及机械、航空、自动控制等领域的工程技术人员阅读、参考。

图书在版编目(CIP)数据

非线性振动能量收集系统建模、实验与动力学分析 / 李海涛著. — 西安 ：西北工业大学出版社，2023.12

ISBN 978-7-5612-9046-0

Ⅰ. ①非… Ⅱ. ①李… Ⅲ. ①非线性振动-研究 Ⅳ. ①O322

中国国家版本馆 CIP 数据核字(2023)第 255563 号

FEIXIANXING ZHENDONG NENGLIANG SHOUJI XITONG JIANMO、SHIYAN YU DONGLIXUE FENXI

非线性振动能量收集系统建模、实验与动力学分析

李海涛 著

责任编辑：曹 江　　**策划编辑**：何格夫

责任校对：张 潼　　**装帧设计**：李 飞

出版发行：西北工业大学出版社

通信地址：西安市友谊西路 127 号　　**邮编**：710072

电　　话：(029)88491757，88493844

网　　址：www.nwpup.com

印 刷 者：西安浩轩印务有限公司

开　　本：787 mm×1 092 mm　1/16

印　　张：8

字　　数：200 千字

版　　次：2023 年 12 月第 1 版　2023 年 12 月第 1 次印刷

书　　号：ISBN 978-7-5612-9046-0

定　　价：65.00 元

前　言

随着物联网时代的兴起及通信技术的发展，无线传感器呈现出广泛的应用前景，但传感设备能量供给面临重大挑战，导致其发展规模并未达到预期。当前物联网传感器的供能主要基于电池，然而庞大的电池不仅带来了高昂的维护成本，而且它的寿命有限，在其废弃后还会给环境带来严重的负面影响。采用能量收集技术，可以将环境中的能量转化为电能，并通过电源管理单元来优化和储存能量，以实现物联网传感器在设备生命全周期内的永久续航。

现实环境中，机械振动普遍存在，具有分布范围广、形式复杂、方向多变和宽频域等特征。振动能量收集装置的设计核心原则是结构与应用环境相匹配，主要涉及电路设计和结构设计。结构设计已经从最初窄频的悬臂式线性系统逐渐向宽频的非线性多稳态方面延伸。按照系统稳定平衡位置的数目，非线性能量收集系统可以分为单稳态、双稳态、三稳态以及多稳态等。多稳态系统中势能阱之间的跃迁机制是实现宽频响应的一种重要方法，已经被证实可以在随机激励和确定性激励下实现高效能量转化，是进一步提高能量输出功率的重要措施。低速流体的流致振动通常指涡激振动和驰振，相关研究表明，从涡激振动和驰振中收集振动能量具有较强的可行性。当前提高流致振动能量收集性能的方式主要有非线性、钝体表面设计和钝体截面优化。

本书对非线性压电能量收集技术进行系统的研究。研究内容涉及结构的创新设计、非线性动力学方法、随机振动和流固耦合动力学分析。主要研究内容包括：考虑磁铁的几何非对称性，设计带有阶梯状势能函数的三稳态能量收集装置，该装置适合收集随机以及谐波激励的能量，基于Padé逼近函数，推导非对称系统发生同宿分岔的阈值；利用磁力耦合软化结构刚度，降低结构阻尼以及诱发驰振的切入风速；探究基础激励和驰振共同作用下的双稳态能量收集系统的非线性动力学特性；优化钝体结构，通过设计复合钝体以及添加修饰物的方式拓宽涡激振动范围，降低驰振切入风速，提高全风速范围内的电压输出。

本书共分为8章，具体内容如下：

第1章，阐述压电能量收集的背景以及意义，简要介绍多稳态能量收集、流致振动的发展历程以及研究现状，总结多稳态能量收集领域一些有待解决的问题，初步确立主要研究内容。

第 2 章，介绍近年来研究的热点——通过三稳态能量收集系统（TEHs）从环境振动中收集能量。一般而言，经典的三稳态能量收集系统都采用对称势能阱设计。为了提高收集效率，本书提出一种带有阶梯形状势能阱特性的能量收集系统，其中阶梯状的势能阱主要通过调整固定磁铁到对称轴的距离而形成。先建立能量收集装置的分布式参数模型，通过能量法推导能量收集装置的动力学方程，对其非线性特性进行理论探讨，并通过实验进行验证。与经典的对称势能结构（TEH－SP）相比，带有非对称特性的三稳态能量收集系统（TEH－SSP）可以在低频激励下实现跳跃，并能明显地拓展实现阱间跳跃的频带宽度。此外，它可以在弱随机激励下产生更密集的高输出电压。

第 3 章，建立三稳态能量收集系统的集中参数模型，基于 Padé 逼近方法得到同宿轨道解析形式的表达式。根据 Melnikov 理论提出能量收集系统同宿分岔以及混沌动力学的定性研究方法，得到发生同宿分岔的阈值曲线。利用分岔图、最大 Lyapunov 指数和相平面图等数值方法验证解析结果，当激励幅值超过 Melnikov 临界阈值时，系统由阱内运动演变为大幅阱间振动。

第 4 章，通过分析动力系统平衡点的变化，分别构建基础激励和尾流驰振作用下的三稳态能量收集装置，分析系统的同宿分岔和混沌等非线性动力学行为。全面研究势能函数形状对压电能量收集系统响应的影响规律。通过调整系统的非线性参数，增强系统对流速区间的实用性，提升流致振动能量收集的性能。

第 5 章，现实环境中的风速普遍较低，阻碍了能量收集效率的进一步提升。通过在悬臂梁顶端和拱形夹具上设置磁铁，利用磁力耦合软化结构刚度，设计出一种改进的单稳态驰振能量收集装置。分析比较线性（L－GEH）、弱耦合（WM－GEH）以及强耦合（AM－GEH）的单稳态能量收集装置在低风速下的能量收集表现。实验结果显示：相对 L－GEH 和 WM－GEH，AM－GEH 的切入风速分别降低 55 %和 18.2 %，5 m/s 风速条件下的 RMS 电压分别提高 69.92 %和 14.7 %。

第 6 章，利用能量法、Kirchhoff 定律和准稳态假设，建立复合激励下双稳态压电能量收集器的分布模型。采用谐波平衡法（HBM）和数值方法研究风速、基础激励水平、磁铁间距和阻尼的影响。结果表明，风和基础激励可以提升收集性能，拓宽有效带宽。通过实验验证解析预测和数值模拟的正确性。双稳态压电能量收集器在驰振和基础振动共同作用时，会出现共存解。通过实验发现，在不同的初始条件下，系统会呈现不同的稳态响应。实验结果表明，当响应呈现为阱间周期－1 特性时，双稳态压电能量收集器能获得最高的输出效率。

第 7 章，设计一系列的复合钝体，量化研究不同钝体对涡激振动的影响规律。复合钝体包含圆形(O)截面以及半圆(D)截面。根据排列顺序,形成3种不同的钝体,依次为ODO形、ODODO形和DOD形。提出分布式参数的动力学模型并进行数值模拟。相应的风洞实验结果表明,相对于O形钝体,复合钝体(如ODODO形和DOD形)能提高涡激振动水平并且可以显著提升输出效果,锁频区域将分别拓宽12.5%和62.5%。然而,实验结果也表明,一些顺序的复合钝体(比如ODO形)将会抑制能量收集的效果。通过计算流体力学(CFD)方法获得钝体周围的流场的物理结构。结果表明,在圆柱体轴向上整合一个D形的钝体会影响空气动力效应。ODO形和DOD形的复合钝体在振动时,会有更迅速的边界层分离现象发生,从而能提高流致振动能量转化的效率;而DOD形钝体的气动力将受到限制,响应也会受到抑制。

第8章,提出一种带有对称条形修饰的钝体结构,系统地研究修饰物安装位置及尺寸和高度对压电能量收集特性的影响。基于欧拉-拉格朗日原理推导压电能量收集系统的流-固-电耦合的分布式参数模型。采用数值模拟和风洞实验相结合的方式,综合研究钝体截面几何参数对压电能量收集系统的频谱、振幅、功率及电压输出、气动力、尾流涡旋的影响。实验结果表明,钝体表面修饰物能显著影响压电能量收集系统的动力学响应,通过调整修饰物的位置及无量纲高度,系统的动力学响应可能会出现驰振或涡激振动(VIV)现象。此外,基于XFlow软件建立三维计算流体动力学(3D-CFD)模型,揭示动力学响应增强的内在物理机理。

作为阅读本书的必要条件,笔者假定读者已经掌握振动力学、流体力学、常微分方程等课程的基础知识。本书部分内容(如非线性振动、随机振动和流固耦合动力学等)超出本科必修课程范围,因此笔者列出相关文献供读者参考,在此一并感谢其作者。

在本书编写过程中,笔者得到了陈立群(上海大学)、丁虎(上海大学)、秦卫阳(西北工业大学)和田瑞兰(石家庄铁道大学)的大力支持,没有他们的支持,笔者不可能完成本书的撰写。同时也要感谢中北大学研究生任和、郑湉雨、申浩廷和张中才协助校对。

本书得到国家自然科学基金(编号:12272355和11902294)以及先进制造技术山西省重点实验室开放基金(编号:XJZZ202304)的资助。

限于水平,书中不足之处在所难免,恳请广大读者批评指正。

著 者

2023年10月

目　录

第 1 章　压电能量收集概述

1.1　研究背景以及意义

随着工业经济的发展和世界人口数量的增长，传统的能源，如化石燃料，已经不能够满足能源可持续发展的需求。自然界中的可再生能源，以光、热、风、波、振动、人体运动、生物能、射频和辐射等形式存在，对其充分利用将是应对能源危机的有效方案。近十年来，研究者们在环境能量收集技术方面开展了大量的研究，极大地缓解了工业和家庭用电供应不足的问题。与此同时，此项技术也聚焦于微能源领域(＜W 级，通常为 nW 级～mW 级)，可以替代传统的电池，为无线传感网络和可穿戴设备供能，最终实现结构健康监测、人体健康监护、智慧交通和航天设备的状态监测与维护，如图 1.1 所示。

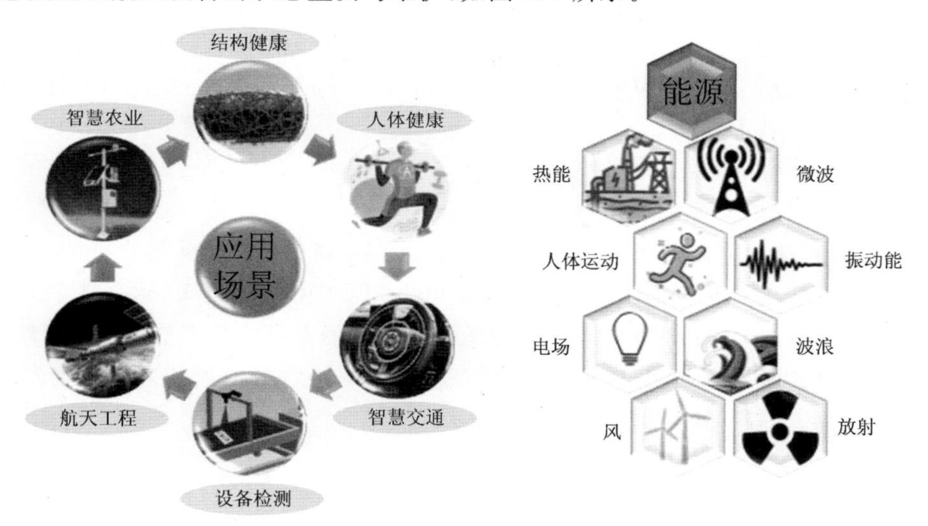

图 1.1　自然界中的能源及其应用

1.2　能量转化机理

环境振动能量转化为电能的机制主要可以分为压电式、电磁式以及摩擦电式，如图 1.2 所示，图中 PZT 为锆钛酸铅，PTFE 为聚四氟乙烯。在这 3 种转换机理中，压电式由于其工作频带较宽，能量密度较高而备受研究者的关注。压电式能量收集系统基于压电效应将动态应变转化为动态电压。皮埃尔·居里和杰克斯·居里发现，压电效应包括正压电效应和逆压电效应：正压电效应是指晶体受到某固定方向外力的作用时会发生形变，晶体的两个受力面上会产生符号相反的电荷，形变方向相反时，电荷的极性也随之改变，在外力撤去后，晶体又恢复到不带电的状态；逆压电效应是指在压电材料表面施加电场（电压），因电场作用压电材料会沿电场方向伸长或收缩。正压电效应和逆压电效应可以用压电本构方程表示为

$$\begin{bmatrix}\delta \\ D\end{bmatrix}=\begin{bmatrix}\boldsymbol{s}^E & \boldsymbol{d}^{\mathrm{t}} \\ \boldsymbol{d} & \boldsymbol{\varepsilon}^T\end{bmatrix}\begin{bmatrix}\sigma \\ E\end{bmatrix} \tag{1-1}$$

式中：δ 和 σ 分别为应变分量和应力分量；E 和 D 分别为电场和电位移；$\boldsymbol{s}$、$\boldsymbol{d}$ 和 $\boldsymbol{\varepsilon}$ 分别代表弹性柔度、压电系数和介电常数矩阵；上标 E 和 T 分别表示在恒定电场和恒定应力下的常数；上标 t 表示转置。

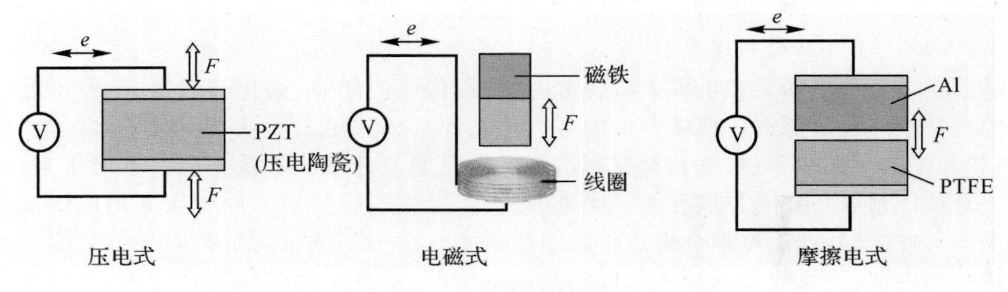

图 1.2　能量转化机理

迈克尔·法拉第发现了电磁感应定律，不仅揭示了电和磁的相互作用，还为它们之间的转换奠定了实验基础。基于法拉第电磁定律，当线圈做切割磁感应线的运动时，就会产生电流，相应的电压可以表示成

$$V(t)=N\cdot \mathrm{d}\Phi/\mathrm{d}t \tag{1-2}$$

式中：N 是线圈匝数；Φ 为磁通量；t 为时间。

摩擦电现象可能很早之前已经为人所知，它常常伴随着的是一些意料之外的负面影响。自 2012 年王中林院士课题组提出摩擦电纳米发电机（TENG）研究以来，越来越多的摩擦电纳米发电机结构被提出。摩擦电效应被认为是摩擦电和静电感应的耦合效应，由摩擦极性相反的材料，如聚四氟乙烯（PTFE）和铝（Al）两者之间的接触分离或相对滑动而产生。如果下基板的电势为零，上基板的电势 U 可以表示成

$$U=-\frac{\sigma d}{\varepsilon} \tag{1-3}$$

式中：σ 为摩擦电荷密度；d 为基板层间距离；在给定条件下，ε 为真空介电常数。

1.3　多稳态能量收集

在许多实际应用中，环境振动频率往往是随机的和宽带的，能量收集器的设计需要适应这些振动特性。关键问题是使能量收集系统的频率与外部频率相匹配，使其具有更宽的频带。

一般情况下，线性压电能量收集系统具有非常有限的频率带宽。因此，为了实现宽频能量收集并提高能量收集效率，人们提出了多种方法，包括多模态、频率调谐、升频以及非线性方法。通过磁耦合非线性设计，能够实现能量采集器频率调谐、升频、单稳态、双稳态和多稳态等。

单稳态非线性能量收集装置可以利用磁排斥和磁吸引实现。振动能量收集器的动态特性可以用 Duffing 型集中参数机电耦合模型来描述。Stanton 等人通过建模并在实验中验证了非线性能量收集器的滞回特性。通过调整磁铁间距，改变末端质量周围的相互作用磁力，实现结构的硬化或软化，拓展了在正向和逆向上的工作带宽。在 3 m/s^2 加速度情况下开展非线性和线性结构的对比实验，逆向扫频实验结果表明，与线性能量收集装置相比，单稳态能量收集系统具有更宽的带宽[见图 1.3(a)(b)]。Fan 等人结合单稳态与碰撞非线性提出了一类单稳态能量收集装置，通过引入一对对称磁铁和一对约束来限制梁的最大偏转，从而提高了在低强度激励下的能量收集效果。实验结果表明，在加速度为 3 m/s^2 的正弦激励下，该器件的输出功率和工作带宽相比较线性能量收集装置分别增加了 253％和 54％。当 D 为 22 mm，d 为 8.7 mm 时，单稳态非线性能量收集系统不仅具有更宽的带宽，而且峰值电压明显大于线性系统，如图 1.3(c)(d)所示。

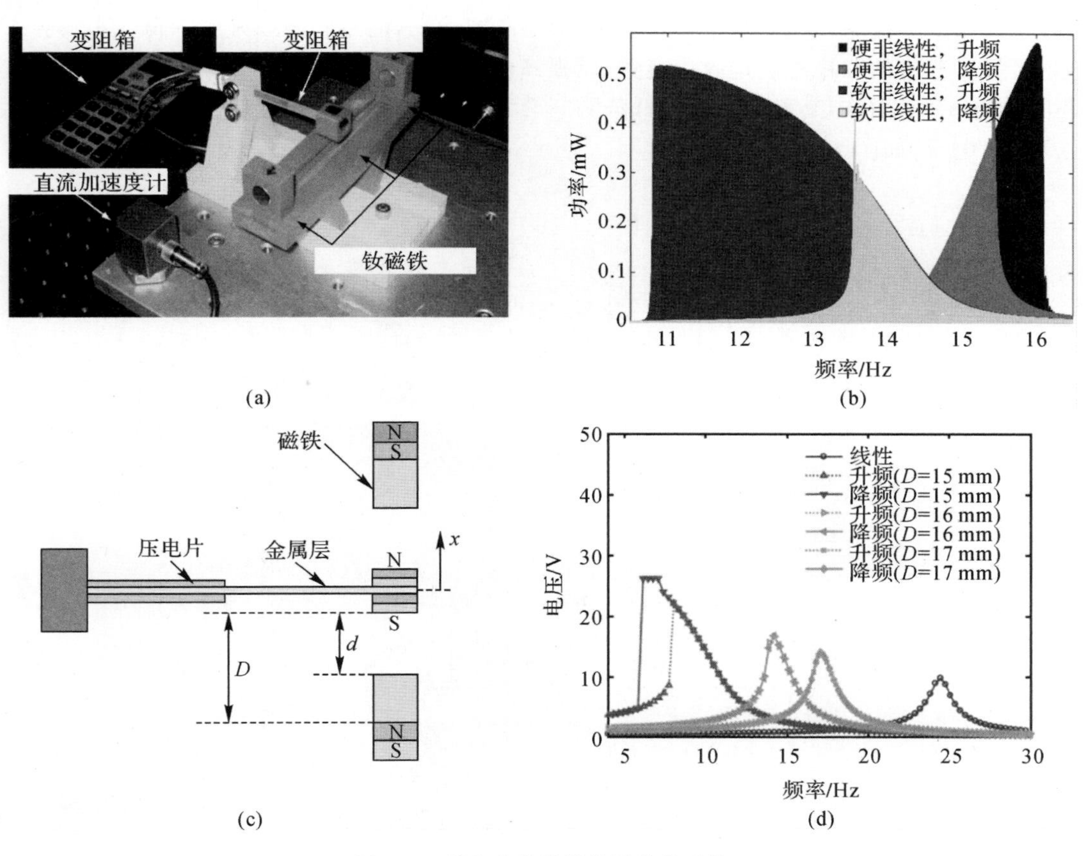

图 1.3　单稳态非线性能量收集系统

(a)(b)磁弹耦合压电能量收集装置的设计和带宽；

(c)(d)带有碰撞特性的单稳态非线性能量收集系统的设计和带宽

双稳态系统与单稳态系统相比，它的主要优点在于阱间运动可以导致较大的变形，从而产生更大的输出功率。然而，双稳态构型的动力学机理要比单稳态构型复杂得多，根据基础激励水平和初始条件的不同，可能会出现限制在单个势能阱的小振幅振动响应、双势能阱之间的大振幅振动响应，甚至出现混沌响应。磁耦合双稳态的诱发形式可以分为磁吸引和磁排斥两种。图 1.4(a)所示为一种典型的双稳态非线性压电能量收集器。两个磁铁被用来产生排斥力，磁力近似为产生单稳态或双稳态的三次函数，磁力的系数取决于顶端磁铁和固定磁铁之间的距离。Yang 等人将双稳态和内共振结合起来，提出了一种混合式能量收集装置，拓宽了能量收集装置的有效频率带宽。混合式能量收集装置由压电悬臂梁、弹簧、活动磁铁和固定磁铁组成，悬臂梁上的弹簧允许活动磁铁沿着横梁滑动[(见图 1.4(b)]，与具有两个固定磁铁的双稳态能量收集器相比，该装置将工作带宽增大了两倍。

一些学者研究了利用磁吸力来实现双稳态能量收集。Erturk 等人研究了利用磁吸力来实现双稳态压电能量收集系统，该装置由一个铁磁悬臂梁组成，两个永磁体对称地固定在悬臂梁自由端附近[(见图 1.4(c)]。与通常使用的压电弹性结构相比，这种结构可以在特定频率范围内产生较大数量级的功率。一般来说，深势能阱会产生较大的振动幅值，但是也会带来较高的势能垒。当环境激励较弱时，由于阱内运动，能量收集效率会降低。Lan 等人提出了一种改进的双稳态能量收集装置，以提高收集能量的能力。他在经典双稳态收集装置上增加一个小磁铁，其磁力可以降低势阱间的势垒。因此，该器件即使在弱激励下也能产生高输出电压，如图 1.4(d)所示。

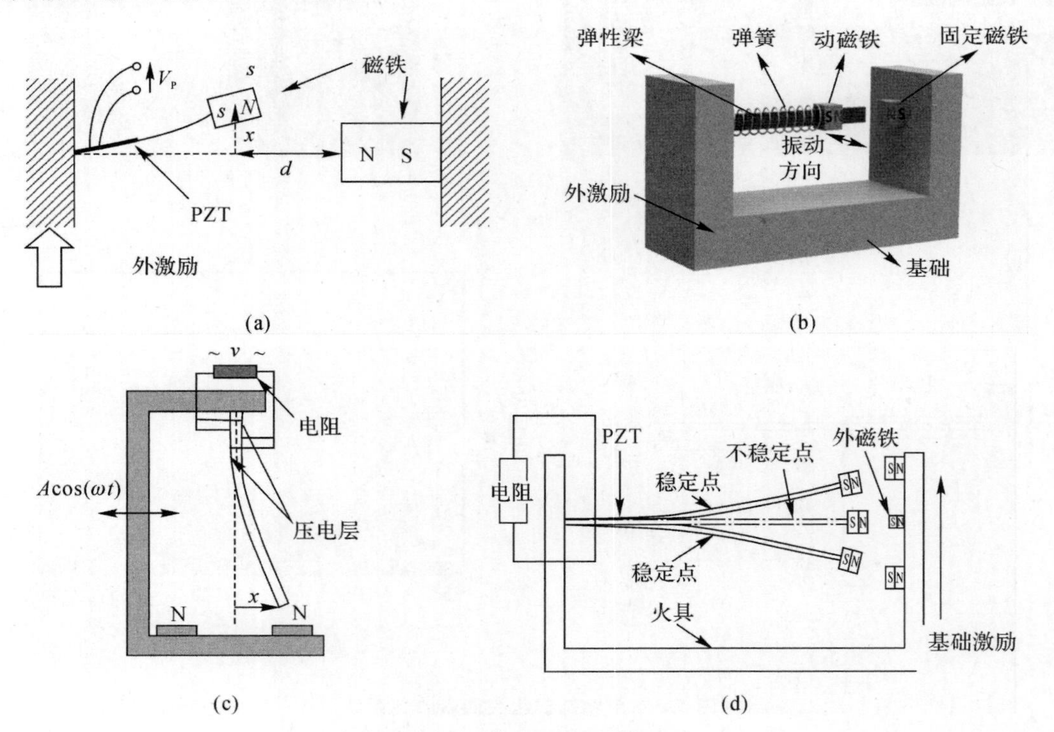

图 1.4 双稳态能量收集系统

(a)(b)磁斥力； (c)(d)磁吸力

许多研究表明，双稳态能量收集器在频率带宽和平均功率密度方面都具有优势。但是，由于势能函数中的势能垒以及自然界振动激励的不确定性，大幅阱间振动不易实现。为了解决这个问题，最近有研究者研究了将三稳态、四稳态等多稳态构型引入振动能量收集系统设计。

西安交通大学曹军义教授课题组等通过实验方法得到了三稳态能量收集系统的恢复力，并且通过数值仿真发现，三稳态能提高能量收集系统在低频的环境激励下的工作带宽。他们还讨论了势能阱的深度对系统响应的影响，发现浅势能阱能提高低频激励下的响应输出[见图 1.5(a)]。李海涛和秦卫阳等提出了力-电-磁耦合的三稳态压电能量收集系统，利用广义 Hamilton 原理建立了模型并进行了求解，给出了系统出现双稳态和多稳态的参数区域。他们分别采用数值和实验方法分析了系统在谐波激励和宽频随机激励下的响应，发现三稳态能量可在较低的随机激励下实现相干共振，具有较高的能量收集效率[见图 1.5(b)]。为了进一步提高能量转换能力，Zhou 等人提出了一类四稳态能量收集装置。在静平衡状态下，通过调整磁头与固定磁铁的位置和距离，可以得到四个稳定的平衡位置[见图 1.5(c)]。研究结果表明，与双稳态能量收集装置相比，该装置在动态响应和输出电压方面表现出更好的性能。Abdelhameed 等人提出了一种二自由度四稳态振动能量收集器。内梁末端的磁铁与固定在底座上的 3 个永磁体相互排斥。这种能量收集装置相比双稳态能量收集器，其有效工作带宽拓宽了 167%[见图 1.5(d)]。

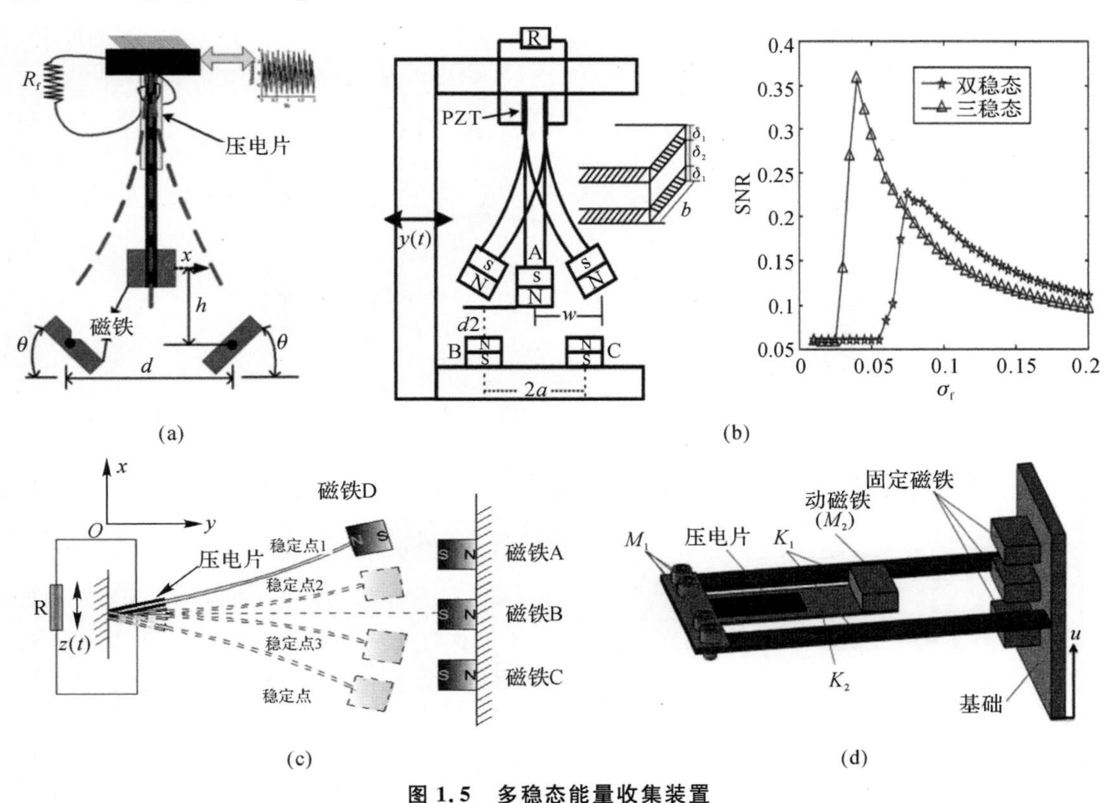

图 1.5　多稳态能量收集装置

(a)外磁铁为旋转磁铁的三稳态能量收集装置；(b)磁斥三稳态能量收集装置；
(c)磁斥四稳态能量收集装置；(d)两自由度磁斥四稳态能量收集装置

多稳态能量收集系统通过同宿分岔或异宿分岔呈现混沌或大幅阱间周期运动等非线性动力学现象，而且理论和实验都表明大幅阱间振动有利于能量输出，因此预测阱间响应的发生无疑具有重要的理论意义。对于基础激励下的多稳态系统，Melnikov 理论被证明是一种可以预测 Hamilton 系统在弱周期力作用下的混沌阈值的方法，它的优点在于可以直接解析计算，方便进行深入的理论分析。Melnikov 方法是苏联科学家 Melnikov 在研究保守系统的同宿轨道受到扰动破裂时，提出的一种解析度量破裂后稳定流形和不稳定流形距离的方法，可以用于预测受到小周期扰动的平面可积系统出现横截同宿点的时间。该方法的适用条件是未扰 Hamilton 系统存在双曲平衡点以及连接双曲平衡点的同宿轨道和异宿轨道。

从研究现状来看，弱周期激励下多稳态系统都可以写成具有同宿轨道和异宿轨道的二阶常微分方程组。在给定小扰动量的前提下，平面 Hamilton 系统可以表示成

$$\dot{x} = \boldsymbol{f}(x) + \varepsilon \boldsymbol{g}(x), x = \begin{pmatrix} u \\ v \end{pmatrix} \in \mathbf{R}^2 \tag{1-4}$$

式中：$\boldsymbol{f}(x) = \begin{bmatrix} f_1(x) \\ f_2(x) \end{bmatrix}$，$\boldsymbol{g}(x) = \begin{bmatrix} g_1(x) \\ g_2(x) \end{bmatrix}$，分别对应未扰动的 Hamiton 系统以及扰动项。

当 $\varepsilon = 0$ 时，系统存在双曲鞍点 p_0 以及连接鞍点的同宿轨道 $q^{\pm}(t)$。如图 1.6 所示，当 ε 充分小时，系统有唯一的双曲闭轨，相应地 Poincaré 映射存在唯一的双曲鞍点 $p_\varepsilon^{t_0} = p_0 + o(\varepsilon)$。双曲鞍点的稳定流形和不稳定流形分别标记为 $W_\varepsilon^s(t_0)$ 和 $W_\varepsilon^u(t_0)$，当 $\varepsilon \neq 0$ 时，它们在 $q^0(0)$ 处的缝隙可以用 Melnikov 函数表示，其表达式为

$$M(t_0) = \int_{-\infty}^{+\infty} f[q^{\pm}(t)] \Lambda g^{\pm}[q^{\pm}(t), t + t_0] \mathrm{d}t \tag{1-5}$$

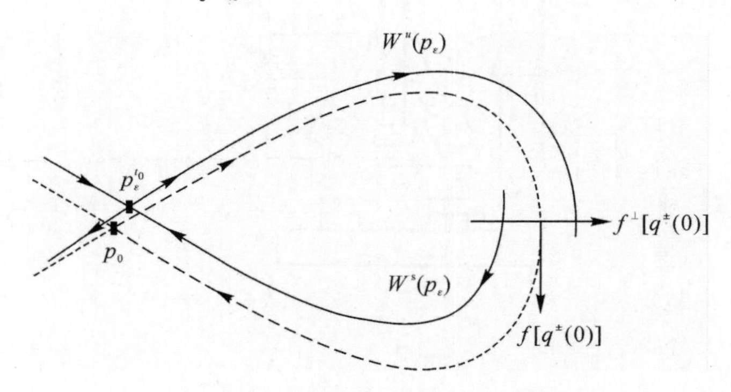

图 1.6　Melnikov 距离函数

$W_\varepsilon^s(t_0)$ 和 $W_\varepsilon^u(t_0)$ 的相交情况由 Melnikov 函数的简单零点决定，如果 Melnikov 函数[见式(1-5)]存在简单零点，则 $W_\varepsilon^s(t_0)$ 和 $W_\varepsilon^u(t_0)$ 横截相交。若系统出现一个横截同宿点，就会存在无穷多个横截同宿点。根据 Smale - Birkhoff 定理可知，横截同宿点的存在，使得在双曲不动点附近出现 Smale 马蹄意义下的混沌特性。

Melnikov 方法提出后，国内外研究者对其进行了深入研究，发展了其理论框架以及研究范围。1964 年，Arnold 将 Melnikov 方法推广到二自由度完全可积的 Hamilton 系统，建立了 Arnold 扩散理论。1979 年，Holmes 用 Melnikov 方法研究了受迫 Duffing 方程的混沌运动。Wiggins 基于摄动理论将扰动 Hamilton 系统分为三种类型，利用标准的

Melnikov 方法对这些系统的全局分岔和混沌动力学进行了详细分析。在此基础上，Kovacic 和 Wiggins 提出了一种新的全局摄动法，这种方法综合了高维 Melnikov 方法、几何奇异摄动理论、不变流形纤维丛理论，可以用来研究在共振情况下奇点的同宿轨道和异宿轨道。在国内，陈予恕利用 Melnikov 方法研究了 Van der Pol - Duffing 振子在参数激励与外部激励联合作用下的主亚谐联合共振系统的同、异宿轨道相交的条件。陈立群将 Melnikov 方法推广到慢变角参数摄动平面可积系统，基于对未受摄动系统几何结构的分析，建立了横截同宿条件。张伟等人利用 Melnikov 方法、广义 Melnikov 方法、全局摄动法和改进的能量相位法，分析了含有参数激励的四边简支矩形薄板、参数激励和外激励联合作用的悬浮弹性索的全局分岔和混沌动力学。

在多稳态能量收集领域，Stanton 等人最早利用 Melnikov 方法获得双稳态压电能量收集系统，出现了高能轨道的参数阈值。陈仲生等人使用 Melnikov 理论研究了旋转机械能量收集系统的同宿分岔现象，并通过实验进行了验证。孙舒等人采用二阶 Melnikov 函数对双稳态压电能量收集系统的混沌特性进行了分析。李海涛等人建立了双稳态集中参数模型以及双稳态分布参数模型，使用 Melnikov 方法和随机 Melnikov 方法预测了周期基础激励、周期参数激励和随机参数激励作用下的系统发生大幅响应的阈值。对于一些多稳态能量收集系统，势能函数非对称性或者高次非线性的存在，导致同宿轨道的解析表达式求解存在一定难度，但是系统仍然包含了复杂的非线性动力学行为，通过对其充分利用，将有效拓宽工作频带和提高响应输出。

1.4　流致振动能量收集

微型流致振动能量收集装置将风能转化为振动能量的原理包括涡激振动、驰振、颤振和尾流驰振。这种装置能避免轴承损耗，在低雷诺数下具有高能量密度。同时，由于其结构简单，因此它还易于与标准的微机电制造工艺进行集成。这种类型的风致振动能量收集装置的共同特征：只有当风速超过一定的值(临界风速)时，能量收集才能产生较高的电压输出。与涡激振动能量收集装置相比，驰振和颤振能量收集装置具有更高的电力输出，但其临界切入风速往往更高。另外，颤振式能量收集器明显的优势在于具有更高的带宽，可应用于风速变化的风场。

大多数已发表的风致振动能量收集装置的相关文献都是基于涡激振动的，并且大都采用压电悬臂梁结构。Wang 等人研究了具有特殊截面的流致振动压电能量收集系统，在传统圆柱钝体上附加了一对 Y 形附件，利用计算流体动力学(CFD)方法对能量收集系统的振动幅值和频率进行了分析[见图 1.7(a)]。Jia 等人提出一种新型非对称涡激振动能量收集系统，可在涡激振动激励下同时诱发弯曲振动和扭转振动。与传统的涡激压电能量收集器相比，非对称涡激振动压电能量收集装置的机电耦合系数与振动频率都较小，因此具有在低风速下产生更多功率的优势[见图 1.7(b)]。Zhou 等人利用三稳态进一步拓宽了涡激振动能量收集装置的工作风速范围。他们首先利用磁耦合设计了三稳态结构，该结构在低频、小幅激励下具有良好的宽频能量收集性能[见图 1.7(c)]。

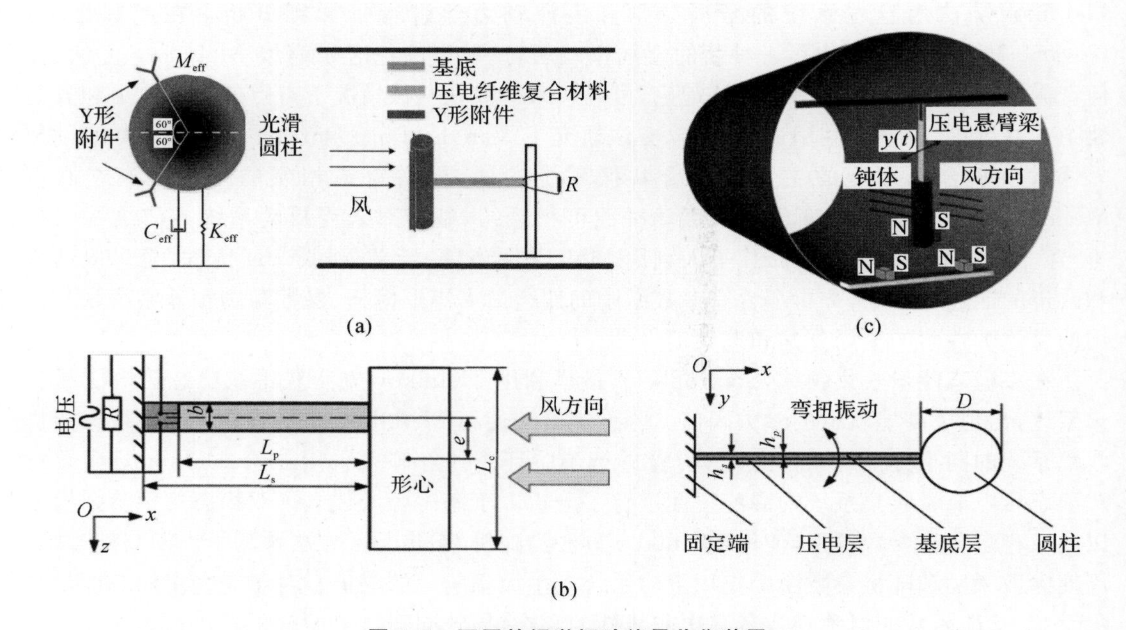

图 1.7 不同的涡激振动能量收集装置

(a)钝头体上安装 Y 形附件的涡激振动能量收集装置；(b)低风速下非对称涡激振动能量收集装置；(c) 三稳态涡激振动能量收集装置

驰振通常发生在轻的、非流线型的钝体结构中，它们通常具有棱角(例如矩形、三角形、D 形截面等)，可随相对风攻角的变化产生周期性气动力。驰振发生时，系统的阻尼为负，但由于非线性阻尼的作用，通常不会发散。

Shi 等人基于驰振原理设计了一种零耗能的低成本的风速传感器。三棱柱形钝体附着在聚偏氟乙烯悬臂梁的自由端，它在风激励下由于驰振效应而发生振动。压电悬臂梁将振动转化为电信号/能量，因此无需额外的电源。该系统的设计风速为 4.45～10 m/s，风速与响应频率呈负相关关系[见图 1.8(a)]。Lai 等人提出了一种结合长方体钝体和介电弹性体单元的新型驰振能量收集系统，通过采用碰撞介电弹性体将振动能量转化为电能[见图 1.8(b)]。

与涡激振动耦合方法一样，通过优化驰振能量收集系统的流体动力学结构，可以提高驰振能量收集装置的转换效率。因此，有研究者研究、探索了通过优化钝体形状或引入其他额外的流体动力结构来降低工作风速和增强流体作用力。Liu 等人提出在钝体上游布置双板结构，结果表明这种配置变化可以显著改善驰振能量收集性能。在一定风速下，两个上游板块后形成两个低压尾流区，这就导致下游(中间位置)的钝体向两侧偏移。因此，即使在低风速下，尾迹区的压力波动干扰了静态平衡，钝体仍能发生合理振幅的振动。在圆柱体上游放置双板也会使振动响应由涡激振动变为驰振，而双板产生的尾迹也会使钝体上的攻角发生变化。当水平距离和垂直距离与钝体迎风宽度的比值分别为 1 和 0.5 时，切入风速将成功地降低到 1.5 m/s。对于方形棱柱钝体的驰振能量收集系统而言，上游布置双板结构后，切入风速由 3.5 m/s 降至 1 m/s，1.5 m/s 风速下的输出电压由1 V 升至 12 V。在 6 种不同钝体的上游添加双板，都能引起电压升高，表明这种方案具有良好的适应性。随后，他们又提出了一个带有叉形钝头体的驰振式能量收集装置。结果表明，叉形设计可以产生比以前的三角形和方形钝体高得多的输出电压。通过参数分析发现，叉形钝体在前叶片长度与钝体宽度之比为 1/4 时收获性能最佳[见图 1.8(c)(d)]。Zhang 等人介绍了一种基于驰振的摩擦电纳米发电机(GTENG),它在低风速下使用时具有显著的优势。当钝体受到超过临界风速的均匀的风作用时,其主梁和辅助柔性梁之间会发生接触,从而使两个柔性梁带电。他们建立了一个理论模型来揭示 GTENG 的工作机理和振动行为,研究了两个梁在不同接触模式下的耦合作用。该结构在 1.4 m/s 风速下的输出电压可达 200 V 以上,占到 6 m/s 高风速下输出电压的 60%[见图 1.8(e)]。Zhao 等人提出了一个漏斗状的驰振式能量收集装置,实现了较宽的工作风速范围和可观的单位功率密度。通过设计漏斗形钝体,避免了涡流再次附着[见图 1.8(f)],增强了非均匀流体流动的强度,使得压力方向与升力一致。因此,增大气动力可以提高能量收集效率。同时进一步讨论了方形、三角形和漏斗形 3 种不同形状钝体的性能。结果表明:漏斗形、三角形和方形钝体的最大功率密度分别为 2.34 mW/cm^3、1.56 mW/cm^{3}和 0.207 mW/cm^3;对应的起振风速为 7 m/s、9 m/s、13 m/s。这说明,漏斗形钝体设计能以最低的切入速度提供最高的功率密度。

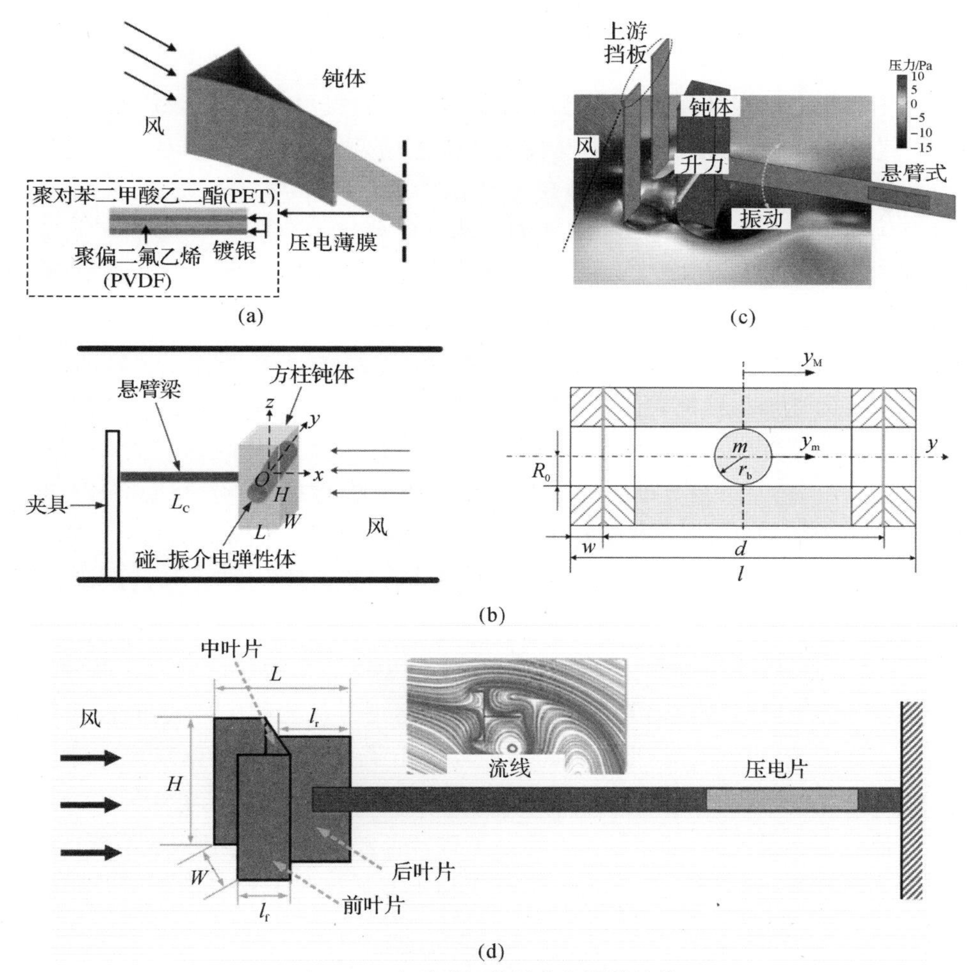

图 1.8　各种驰振能量收集器的结构

(a)三棱柱形钝体的单自由度驰振能量收集系统；(b)长方体钝体驰振能量收集器,其钝头体内含有可用于碰撞的介电质弹性体；(c) 在上游放置双板干扰的驰振能量收集装置；(d) 叉形钝体的驰振能量收集装置

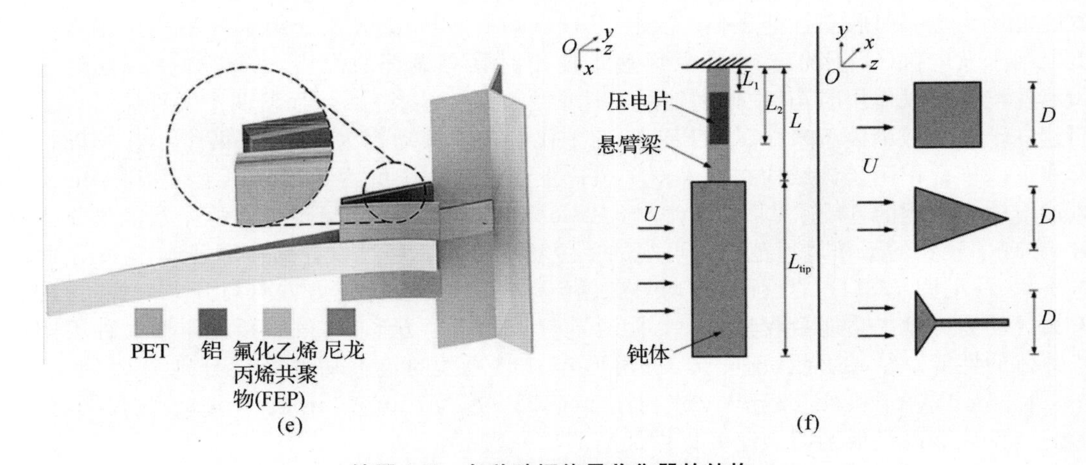

续图 1.8　各种驰振能量收集器的结构

(e) 接触式驰振纳米发电机；(f) 漏斗形状的驰振能量收集装置

与基于涡激振动的能量收集器相比，驰振系统可以获得更大的风速范围和更高的功率密度。因此总体来说，驰振能量收集装置在大多数应用条件下明显具有优势。文献[69]利用嵌套结构提出了一个二自由度驰振能量收集系统，它由内外两个方形钝体阵列排布构成，两个钝体分别与悬臂压电梁连接。分析了两钝体之间的流固耦合机理，分析了间隙距离对功率谱密度(PSD)的影响规律。结果表明，二自由度驰振能量收集性能优异，功率密度提高了 27.8%[见图 1.9(a)]。

Wang 等人提出了纺锤形和蝴蝶形的钝头体，通过将涡激振动和驰振现象耦合在一起，以提升低风速下的性能。结果表明，通过垂直安装和较小宽度比设计，可以在较大的风速范围内提高性能。采用宽度比最小的垂直纺锤形钝体组合，可使切入风速降低 13%。与传统的驰振式能量收集器相比，最大电压输出提高了 160%[见图 1.9(b)]。Shan 等人提出了一种带曲面面板的颤振能量收集器，讨论了气流速度、负载阻力、聚偏氟乙烯(PVDF)压电片的定位位置和尺寸对动态响应和能量收集性能的影响。该结构在 25 m/s 的风速下，外部负载电阻为 10 MΩ，输出功率密度达到 0.032 mW/cm^3[见图 1.9(c)]。Ding 将钝体设计成具有对称鳍状棒的圆柱钝体，并研究了这种压电能量收集器的气动弹性性能。他分析了鳍状棒的周向位置与能量收集性能的关系，实验结果表明，通过优化鳍状棒的角度，可以扩大圆柱形钝体的锁频区域[见图 1.9(d)]。Zhou 等人提出了一种 Y 形钝体双稳态能量收集器(YBEH)，该结构由一个带有尖端磁铁和两个弯曲板的悬臂梁、一个压电层压板和两个固定磁铁组成。他们制作了样机，并在一系列风速下进行了测试。结果表明，该系统可以在较大的风速范围内实现快速跳跃和相干共振，为利用相干共振优化低速风的能量收集性能开辟了新的途径[见图 1.9(e)]。Rezaei 提出了一种 PZT 能量收集装置，它被用来收集不同旋涡脱落频率的能量。在钝体的尾端放置一组双晶压电梁阵列，基于能量转换系数，他研究了不同参数对锁频区域的影响。结果表明，与典型尾流驰振能量收集装置相比，该设计具有更宽的锁频区域和更高的转换系数[见图 1.9(f)]。

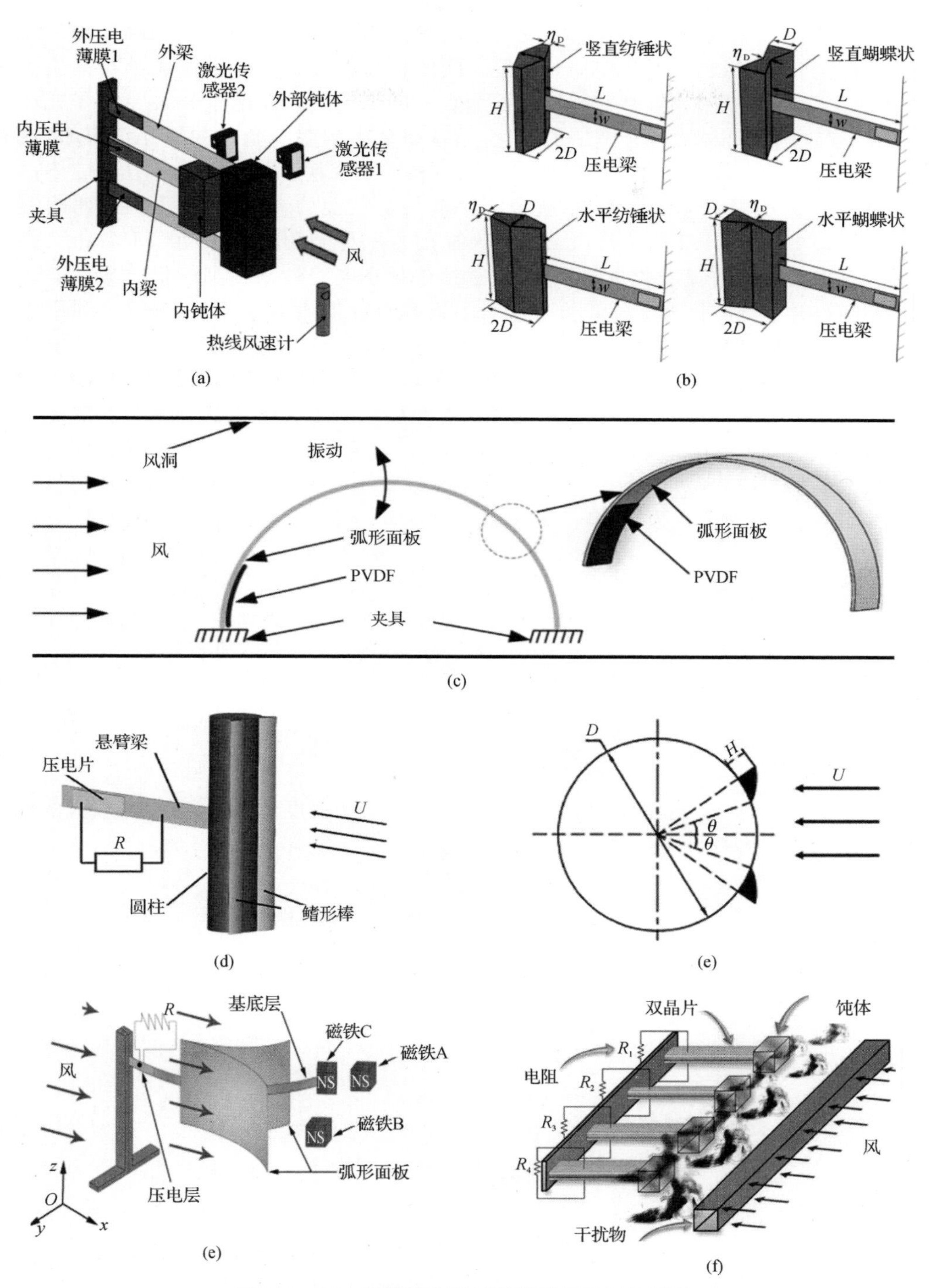

图 1.9　风力能量收集系统的结构与性能的改进

(a)2DOF 驰振能量收集系统；(b)新颖的纺锤状和蝶状钝体，可以同时实现涡激振动和驰振现象；(c)一种适用于宽工作风速范围的新型弯曲面板颤振能量收集器；(d)一种基于对称鳍状杆的圆柱形钝体的压电气动弹性能量收集系统；(e)带有 Y 形附件的风能收集装置；(f)基于 PZT 阵列的能量收集装置设计，可用于在小风速区域捕捉较宽涡街脱落频率

以上文献报道的风能收集装置仅仅采用一种流固耦合机理，例如涡激振动或者驰振。近年来，有研究者开始利用涡激振动和驰振之间的相互作用来提升风能能量收集装置的性能，如图 1.10 所示。He 等人针对钝体截面为矩形的悬臂式风能能量收集装置开展理论和实验研究，发现随着钝体截面长宽比的变化，系统呈现出涡激和驰振的相互作用，有效提高了低风速范围的能量收集效果[见图 1.10(a)]。Sun 等人基于圆形钝体和方形钝体探讨了涡激振动和驰振协同效应的可能性，提出了一类灯泡截面的钝体，提高了全风速范围内约 75%的功率输出[见图 1.10(b)]。Yang 等人提出了一种利用涡激振动(VIV)和驰振现象耦合的混合横截面钝体风能收集器，引入了磁致单稳态非线性来提高能量收集性能。通过将钝体截面设计成 3/4 圆和 1/4 正方形组合引入耦合的涡激振动和驰振效应，利用磁斥力实现单稳态非线性。研究结果表明，非线性单稳态系统能够降低诱发涡激振动系统的临界风速，并在更大风速范围内提高电压输出[见图 1.10(c)]。Qin 等人设计了一种交叉梁来支撑两个长方体钝体和一个圆柱钝体，并在系统中增加了一个尖端磁铁和两个固定磁铁。结果表明，该装置结合驰振和涡激振动的优势，提高了风能的收集效率，在 2～7 m/s 的风速范围内有较大的能量输出[见图 1.10(d)]。Li 等人设计了一种由圆柱和半圆棱柱交替叠加的复合钝体，通过建模和实验发现，一定的叠加顺序有助于拓宽涡激振动的范围，提高风能的能量转化效果[见图 1.10(e)]。Chen 等人提出了一种二自由度的气动弹性能量收集系统，该系统能够克服涡激振动和尾流驰振各自的局限性。通过结合涡激振动和尾流驰振的优势和两钝体协同效应，在低风速下利用涡激振动提高锁频区域的发电量，而在高风速区域通过尾流驰振提高能量转化效果[见图 1.10(f)]。

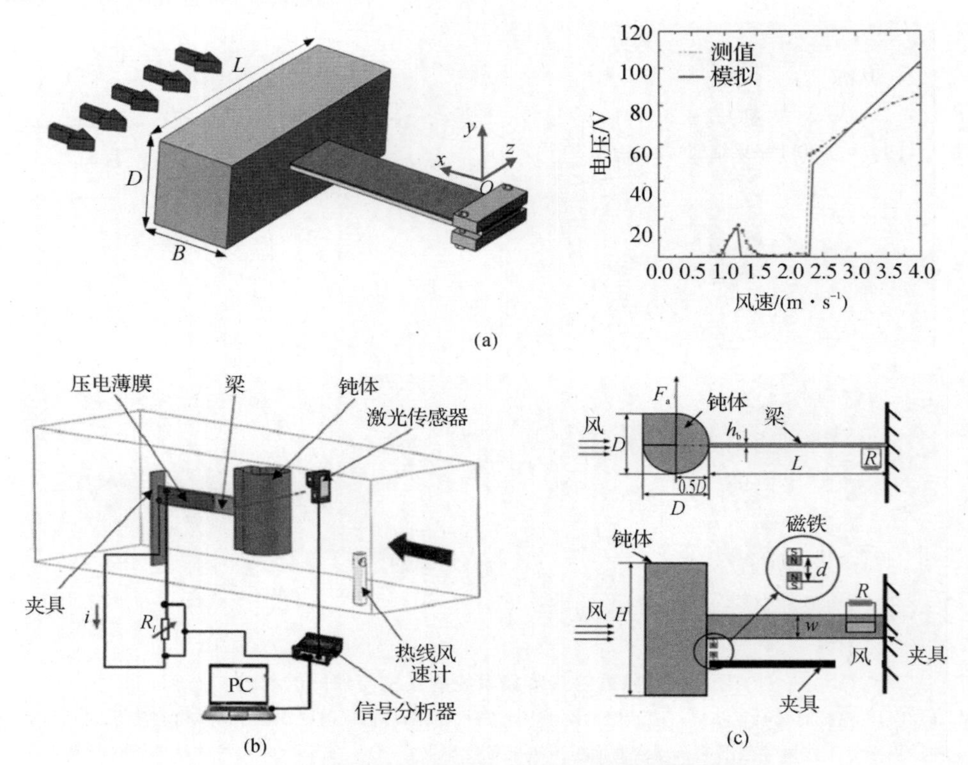

图 1.10 涡激振动和驰振相互耦合的振动能量收集系统

(a)方柱型钝体； (b)灯泡形截面复合钝体； (c)1/4 正方形和 3/4 圆复合截面的钝体

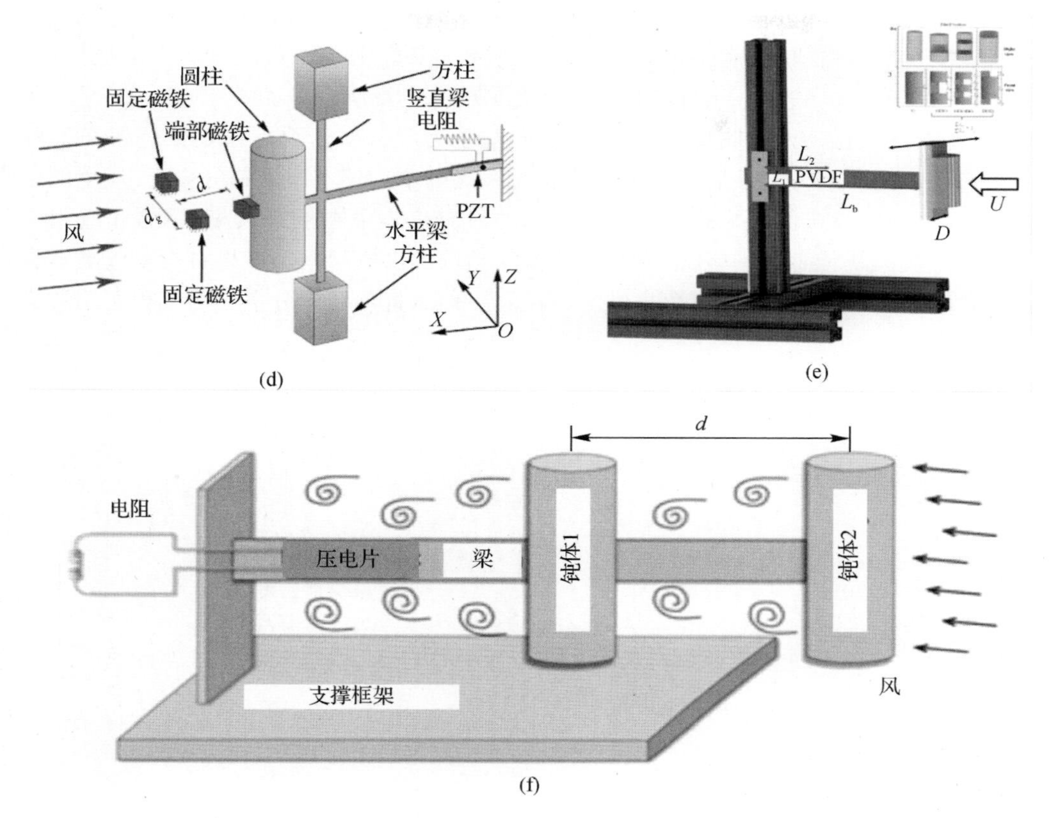

续图1.10 涡激振动和驰振相互耦合的振动能量收集系统

(d)十字梁结构固定多钝体结构；(e)圆柱和半圆柱依次排列的复合钝体；
(f)二自由度的基于涡激振动和尾流驰振的能量收集系统

1.5 问题与挑战

非线性振动能量收集技术可以通过几何非线性或者磁力耦合非线性提高结构对环境的适应性。当前非线性能量收集研究注重结构设计和动力学分析，势能函数通常是对称的，激励形式多为振动台提供的简谐激励以及白噪声激励，而对于带有非对称势能函数以及流致振动能量收集系统的动力学建模、定性分析和定量计算亟待进一步开展。此外，由于强非线性的作用，多稳态流致振动能量收集系统存在阱间跳跃现象并能显著提高能量收集性能。因此需要开展混沌动力学研究，将广义 Melnikov 方法延伸至流致振动系统，获得发生同宿分岔的参数阈值。

流致振动结构设计中，钝体截面和钝体表面的优化会显著影响空气绕流时的气动力，因此大量学者针对钝体表面修饰物开展研究，通过对修饰物位置、尺寸和形状开展分析，提升能量收集系统的性能。此外，增加钝体表面修饰物或改变钝体形状，也会引起流固耦合机理的变化，甚至诱发涡激振动-驰振的耦合效应。通过将以上流致振动机理的优势结合起来，可以降低诱发振动响应的切入风速,提高在高风速下的电压输出,拓宽有效的风速范围。但是现阶段关于钝体截面优化和钝体表面设计的研究主要集中在计算流体动力学模拟,缺乏分布式参数模型上,无法进一步分析复杂钝体几何参数的影响规律。

目前的非线性振动能量收集系统建模、实验与动力学分析研究工作仅仅停留在实验阶段,还未进一步向实用方向发展。在便携式和无线式电子市场不断繁荣的今天,环境能量收集是其自供电的关键步骤。未来能量收集技术的研究将集中在能量收集、存储和应用电路等方面,以解决无线传感器网络、嵌入式传感器等领域的供电问题。如果将能量收集装置和状态监测设备集成在一起构成完全自供电、自感应单元,将具有十分重要的工程实用意义。

第2章　基于三稳态阶梯状势能函数的能量收集效果改善策略

2.1 引　　言

如第1章所述，经典的三稳态能量收集系统（TEH）通常具有对称势能，并且有时它的势能垒较高。当环境激励较弱时，较少地发生阱间跳跃，导致能量收集性能不理想。事实上，在机械工程中已经发现了一些具有非对称势能阱的系统，如磁摆、车辆悬架和能量收集系统。Wang等人在模拟三稳态压电能量收集系统时考虑了重力的影响，发现压电式三稳态能量收集系统具有不对称势阱。结果表明，考虑重力效应的模型可以拓宽工作带宽。Zhou等人采用半解析方法评估非线性对非对称三稳态能量收集系统的影响，并发现特定非对称势能函数可以提高能量收集性能。然而，上述具有非对称势阱的三稳态能量收集装置一般都是通过谐波激励特别是扫频激励来表征的，并不能揭示其全部动力学行为。此外，对于随机激励下具有非对称三势阱的能量收集装置的动力学特性的研究也比较有限。

由于环境振动一般具有随机性，且分布在很宽的频谱范围内，因此有学者研究了在随机激励下的多稳态能量收集系统的跳跃特性。开展平稳随机响应分析的解析方法有随机线性化方法、随机平均方法和正交多项式近似等随机方法。随机共振和相干共振等机制也被应用于提高随机激励下的振动能量收集效率。

然而，随机激励下三稳态能量收集的相关研究大多集中在理论定性分析上，理论模型一般采用集中参数形式，且缺乏相应的实验验证。因此，迫切需要对随机激励下的不对称三稳态能量收集系统的响应进行分析，以确定其宽带特性。

本章提出了一个完整的研究框架，包括理论建模、数值模拟和实验验证，研究了具有阶梯形状势能的三稳态能量收集装置（TEH - SSP）。在压电能量收集装置的建模中首次考虑了永磁体的几何不对称性，得到了具有阶梯形式的三稳态能量收集装置（TEH - SSP）的分布式参数模型。通过谐波响应分析和随机响应分析等复杂动力学行为分析，验证了该系统对环境激励的鲁棒性和适应性。

2.2 模型的提出和建立

如图 2.1 所示，该三稳态能量收集器由长度为 L 的钢梁和压电层组成，压电层的特征长度为 L_p，宽度为 w_p，厚度为 h_p，机电耦合常数为 d_{31}，介电常数为 e_{33}。压电层与电阻抗 R 相连接，在悬臂梁的自由端附着一个质量为 M_E 的钕铁硼磁铁 A。钕铁硼磁铁 B 和 C 固定在夹具上。势能的不对称性可以通过调整固定磁铁(B 和 C)到对称轴(a 和 b)的距离来实现。

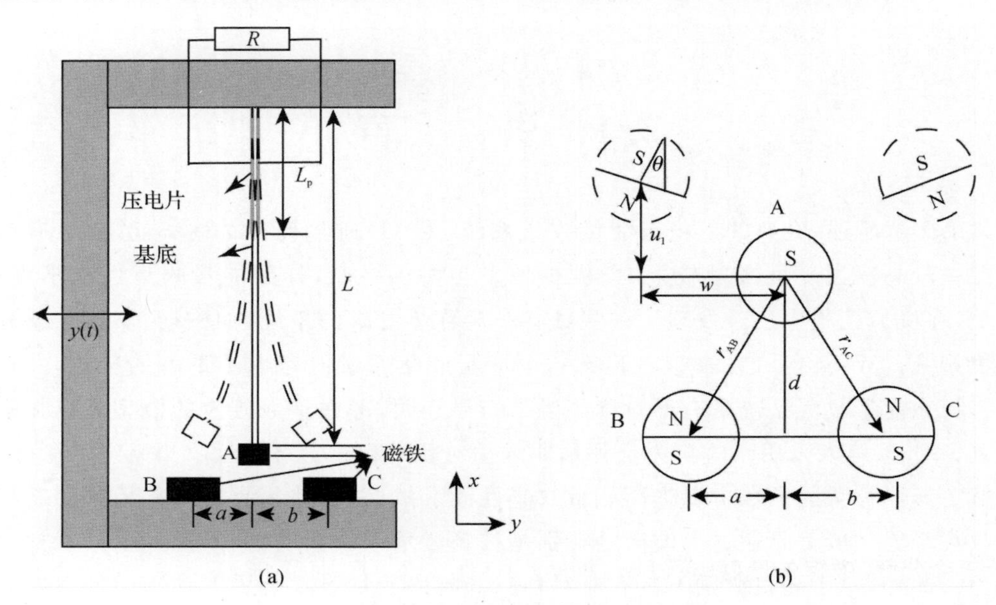

图 2.1　三稳态能量收集器

(a) 三稳态能量收集装置的示意图；(b)磁铁的几何结构能量收集装置

提出的能量收集装置的动能可以表示成

$$T = \frac{1}{2}\left[\int_0^L \rho_b A_b\ (\dot{w} + \dot{y})^2 \mathrm{d}x + \int_0^{L_p} \rho_p A_p\ (\dot{w} + \dot{y})^2 \mathrm{d}x\right] + \frac{1}{2} M_E\ (\dot{w}_{x=L} + \dot{y})^2 \quad (2-1)$$

式中：w 为横向位移；“·”为对时间 t 求导；ρ_b 和 ρ_p 分别为钢层密度和压电片密度；A_b 和 A_p 分别表示钢层和压电片的截面面积；$y(t)$ 表示基础激励。

考虑电耦合的影响，总势能可表示为

$$U = \frac{1}{2} Y_b I_b \int_0^L w''^2 \mathrm{d}x + C_{11}^E I_p \int_0^{L_p} w''^2 \mathrm{d}x + \frac{1}{2} C_{11}^E d_{31} V (h_b + h_p) w_b w'_{x=L_p} + \frac{1}{4} C_P V^2 + U_m \quad (2-2)$$

式中：$Y_b I_b$ 、$C_{11}^E I_p$ 分别为梁的抗弯刚度和压电层的抗弯刚度；d_{31} 为机电耦合系数；V 是压电层产生的电压；U_m 是磁力产生的势能。

压电片的电容表示为

$$C_P = e_{33} w_b L_p / h_p$$

式中：e_{33} 为介电常数；h_p 为压电层厚度。

非保守力所做的虚功为

$$\delta W = -\int_0^L c\dot{w}\delta w \mathrm{d}x + Q(t)\delta V \tag{2-3}$$

式中：c 为黏性阻尼系数；$Q(t)$ 为穿过压电片的电荷，其对时间的导数为通过电阻 R 的电流，即 $\dot{Q} = V/R$。

出于能量收集的目的，能量收集装置的固有频率一般设计在环境激励频率范围内。然而，由于高阶模态的频率远高于环境频率，因此高阶模态通常对系统响应的贡献较小。特别是对于带有尖端质量的悬臂梁，当尖端质量大于梁质量时，响应将以基础模态为主，挠度 $w(x,t)$ 可表示为

$$w(x,t) = q\psi(x) \tag{2-4}$$

式中：q 为模态坐标。考虑边界条件，第一模态振型可近似表示成 $\psi(x) = 1 - \cos\left(\frac{\pi x}{2L}\right)$。

忽略磁性外观和尺寸的影响，上述钕铁硼磁体在建模中可视为磁偶极子[见图 2.1(b)]。根据磁体的几何关系，从固定磁体 B、C 到移动磁体 A 的矢量可以表示为

$$\boldsymbol{r}_{BA} = (d-u_1)\boldsymbol{e}_x - (a-w)\boldsymbol{e}_y \tag{2-5a}$$

$$\boldsymbol{r}_{CA} = (d-u_1)\boldsymbol{e}_y + (b+w)\boldsymbol{e}_y \tag{2-5b}$$

式中：d 为运动磁铁 A 到基座的距离；a、b 分别为对称轴到固定磁体 B、C 的距离；$u_1 = \frac{1}{2}\int_0^L [w'(x,t)]^2 \mathrm{d}x$ 是垂直于横向位移 $w(t)$ 的位移；$\boldsymbol{e}_x$ 和 $\boldsymbol{e}_y$ 分别是沿 x 方向和 y 方向的单位向量。

磁矩矢量 $\boldsymbol{\mu}$ 表示成 $\boldsymbol{\mu} = \boldsymbol{M}V_m$，其中 $\boldsymbol{M}$ 为铁磁性材料的磁化强度矢量，V_m 为磁体体积。基于正交分解，磁矩矢量可表示为

$$\boldsymbol{\mu}_A = -M_A V_{mA}\sin\theta \boldsymbol{e}_x + M_A V_{mA}\cos\theta \boldsymbol{e}_y \tag{2-6a}$$

$$\boldsymbol{\mu}_B = -M_B V_{mB}\boldsymbol{e}_x \tag{2-6b}$$

$$\boldsymbol{\mu}_C = M_C V_{mC}\boldsymbol{e}_x \tag{2-6c}$$

其中旋转角度 θ 可近似为 $\theta = \arctan w'$。

固定磁体 B 和 C 与移动磁体 A 相互作用产生的磁通量密度为

$$B_{BA} = -\frac{\mu_0}{4\pi}\nabla\frac{\boldsymbol{\mu}_B \cdot \boldsymbol{r}_{BA}}{|\boldsymbol{r}_{BA}|^{\frac{3}{2}}}, \quad B_{CA} = -\frac{\mu_0}{4\pi}\nabla\frac{\boldsymbol{\mu}_C \cdot \boldsymbol{r}_{CA}}{|\boldsymbol{r}_{CA}|^{\frac{3}{2}}} \tag{2-7}$$

式中：μ_0 为真空导率常数；∇和‖·‖分别表示向量梯度算子和欧氏范数。

磁场中的势能可以用下式计算：

$$\begin{aligned} U_m &= -\boldsymbol{\mu}_A \boldsymbol{B}_{BA} - \boldsymbol{\mu}_A \boldsymbol{B}_{CA} \\ &= \frac{\mu_0}{4\pi}\boldsymbol{\mu}_A\left[\left(\frac{\boldsymbol{\mu}_B}{|\boldsymbol{r}_{BA}|^{\frac{3}{2}}} - \frac{3(\boldsymbol{\mu}_B \cdot \boldsymbol{r}_{BA})\boldsymbol{r}_{BA}}{|\boldsymbol{r}_{BA}|^{\frac{5}{2}}}\right) + \left(\frac{\boldsymbol{\mu}_C}{|\boldsymbol{r}_{CA}|^{\frac{3}{2}}} - \frac{3(\boldsymbol{\mu}_C \cdot \boldsymbol{r}_{CA})\boldsymbol{r}_{CA}}{|\boldsymbol{r}_{CA}|^{\frac{5}{2}}}\right)\right] \end{aligned} \tag{2-8}$$

设 q 和 V 为广义坐标，然后，利用 Euler - Lagrange 方程推导出 TEH 的控制方程：

$$\left.\begin{aligned} &M\ddot{q} + 2M\xi\omega_1\dot{q} + Kq + F_m - \theta V = -N\ddot{y} \\ &\frac{1}{2}C_p\dot{V} + \frac{V}{R} + \theta\dot{q} = 0 \end{aligned}\right\} \tag{2-9}$$

式中：M 为模态质量；ξ 为等效模态阻尼比；ω_1 为固有频率；K 为等效刚度；F_m 为非线性恢复力；θ 为等效机电耦合系数；N 表示由基础激励引起的广义力系数。所有系数均为几何参数和物理参数的函数，可由以下公式表示：

$$M=\rho_b A_b\int_0^L[\psi(x)]^2\mathrm{d}x+\rho_p A_p\int_0^{L_p}[\psi(x)]^2\mathrm{d}x+M_E[\psi(x)|_{x=L}]^2 \tag{2-10a}$$

$$\xi=c\int_0^L\psi^2\mathrm{d}x/(2M\omega_1) \tag{2-10b}$$

$$K=Y_b I_b\int_0^L[\psi(x)'']^2\mathrm{d}x+2C_{11}^E I_p\int_0^{L_p}[\psi(x)'']^2\mathrm{d}x \tag{2-10c}$$

$$\theta=\frac{1}{2}w_b C_{11}^E d_{31}(h_b+h_p)\psi(x)'|_{x=L_p} \tag{2-10d}$$

$$N=\rho_b A_b\int_0^L\psi(x)\mathrm{d}x+\rho_p A_p\int_0^{L_p}\psi(x)\mathrm{d}x+M_E\psi(x)|_{x=L} \tag{2-10e}$$

2.3 数值模拟

三稳态能量收集系统参数见表 2.1，这些参数通过测量和计算结构几何尺寸和性能来获得。系统的势能和恢复力取决于运动磁体和固定磁体之间的相对位置。图 2.2(a)为随参数 a、b(即磁体 B、C 到对称轴的距离)的势能函数。首先，在 $a=b=0.0085$ m 处，势能呈现对称特征。然后，a 增加到 0.01 m，左侧势垒比右侧势垒高，呈阶梯状。图 2.2(b)分别为带有阶梯状势能函数的三稳态能量收集系统(TEH－SSP)和带有对称势能函数的三稳态能量收集系统(TEH－SP)的恢复力，TEH－SP 和 TEH－SSP 的局部最大或最小力分别用虚线Ⅰ和虚线Ⅱ表示。从图 2.2(b)可以看出，简单地将参数 a 从 0.008 5 m 增加到 0.01 m，TEH－SSP 的局部最大力和局部最小力的差值会减小。

表 2.1　三稳态能量收集系统的结构参数

描　述	参　数	数　值
基底材料长度/m	L	0.15
压电片的长度/m	L_p	0.015
压电片与基底材料的宽度/m	w_b	0.015
压电片的厚度/m	h_p	2×10^{-4}
基底材料的厚度/m	h_b	4×10^{-4}
压电片的密度/(kg·m^{-3})	r_p	7 700
基底材料的密度/(kg·m^{-3})	ρ_b	7 800
压电片的杨氏模量/GPa	C_{11}^E	67
基底材料的杨氏模量/GPa	Y_b	210
机电耦合常数/(C·m^{-1})	d_{31}	-173×10^{-12}
容许率常数/(F·m^{-1})	e_{33}	3.18×10^{-8}

续表

描　述	参　数	数　值
机械阻尼比	ξ	0.005
永磁体质量/kg	M_E	0.004
真空磁导率常数/(H·m^{-1})	μ_0	$4\pi\times10^{-7}$
磁化向量/(A·m^{-1})	($\boldsymbol{M}_A$, $\boldsymbol{M}_B$, $\boldsymbol{M}_C$)	1.5×10^6
磁铁的体积/m^3	V_m	1.57×10^{-6}
加速度常数(m·s^{-2})	g	9.81

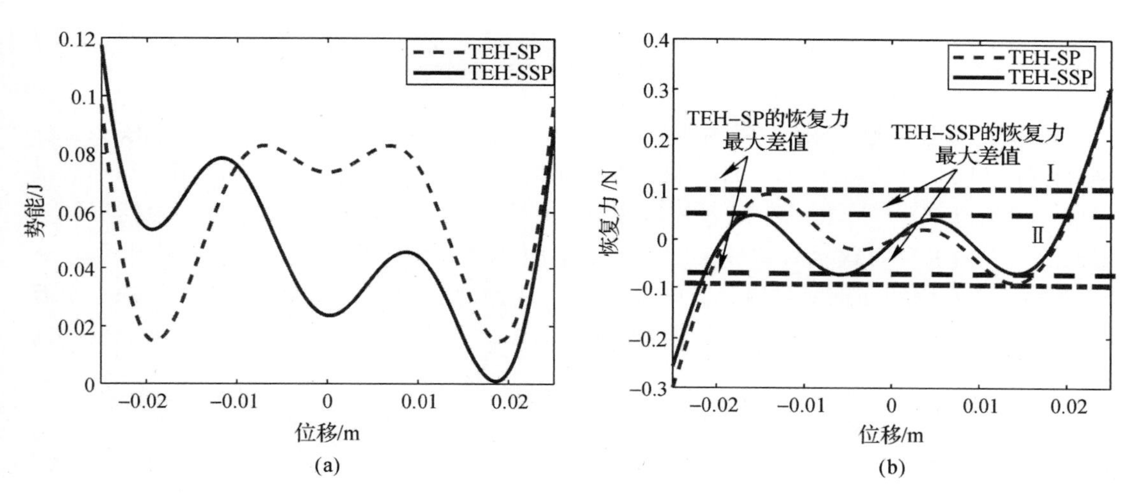

图 2.2　TEH-SP (a=0.008 5 m, b=0.008 5 m)以及 TEH-SSP (a=0.01 m, b=0.008 5 m)的势能和恢复力

(a)势能；(b)恢复力

2.3.1　谐波激励下的响应

本部分采用非线性分析方法，研究谐波激励下能量收集装置的力学响应和电学响应。假设系统受到谐波基础激励，即 $\ddot{y}=\hat{a}\sin(\omega t)$，其中 $\hat{a}$ 和 ω 称为激励的幅值和频率。用龙格-库塔法求解控制方程[见式(2-9)]得到稳态响应和瞬态响应。

为验证分布模型中所假设模态，图 2.3 给出了分布参数模型与有限元分析(FEA)的时域响应比较。根据表 2.1 所示的物理参数，利用 ANSYS Workbench 平台建立悬臂梁模型并进行分析。前两阶模态的固有频率分别为 8.1 Hz 和 70.6 Hz。在无磁耦合的情况下，采用 Rouge-Kutta 法求解控制方程[见式(2-9)]得到系统的瞬态响应。计算结果表明，ANSYS 模拟结果与假设的模态分布模型吻合较好。因此，解析模型通常能够捕捉基础模态假设情况下的动力学特性。

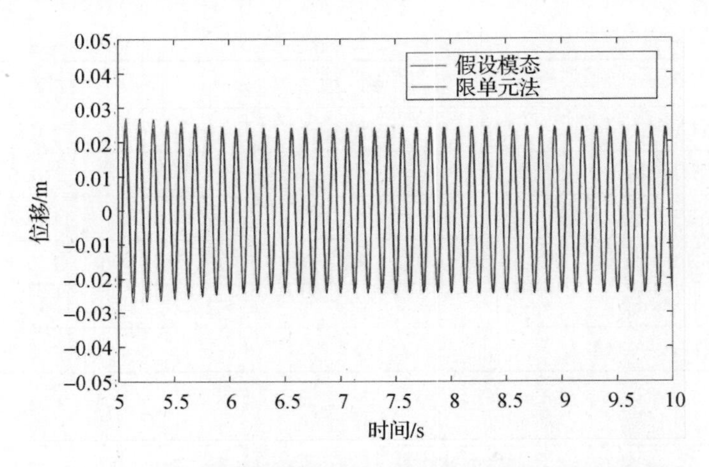

图 2.3　分布参数模型与有限元方法得到的数值结果对比

随着频率的增大,TEH-SP 和 TEH-SSP 表现出不同的稳态动力学响应。图 2.4 分别显示了 TEH-SP 和 TEH—SSP 随频率变化的分岔图和均方根(RMS)电压。基础激励振幅设置为 0.5g。结果表明,随着势能从对称形向非对称阶梯形的变化,发生包括周期和混沌运动在内的阱间运动的频带变宽。当激励频率达到 10 Hz 时,TEH-SSP 和 TEH-SP 的响应都被限制在低能阱内分支中。TEH-SP 的均方根电压随着频率的增加而上下波动,这可以归结为以下两个方面:①混沌响应的间歇性出现会降低输出电压;②高能量和低能分支的共存。

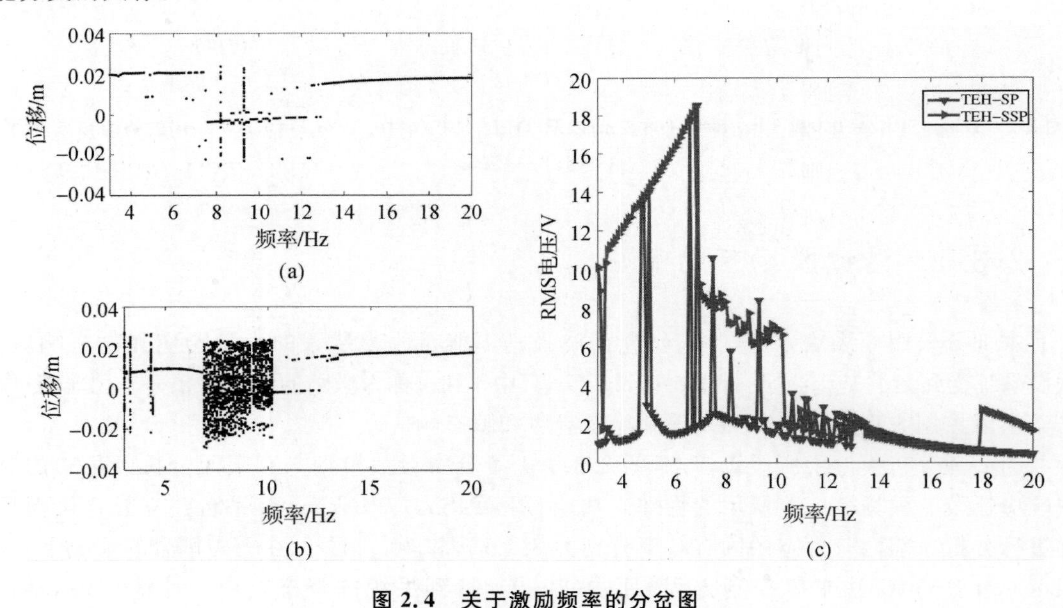

图 2.4　关于激励频率的分岔图

(a) TEH-SP;　(b) TEH-SSP;　(c)随频率变化的 RMS 电压

图 2.5 为 TEH-SP 和 TEH-SSP 阱间周期运动、阱间混沌和阱内响应参数区域。如图 2.5(a)所示,TEH-SP 阱间参数范围占比为 30.43%,阱间混沌占比为 18.81%,而对于

TEH－SSP，阱间周期和阱间混沌的比例分别增加到 34.83%和 23.43%。因此，当势能形状从对称向不对称的阶梯形转换时，包括周期和混沌运动阱间振动的参数区域得到了扩展，还可以从较小的加速度幅值实现阱间跳跃。

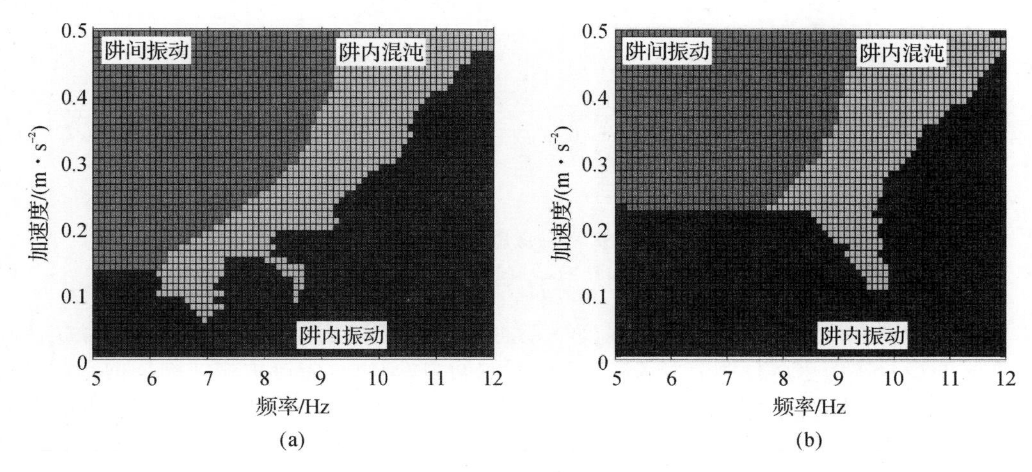

图 2.5　阱间周期运动、阱间混沌以及阱内运动响应

(a)TEH－SP；　(b) TEH－SSP

此外，为了验证图 2.4，图 2.6 给出了在 0.5g 基础激励幅值下，TEH－SSP 和 TEH－SP 在 4 个激励频率下的相位图和 Poincaré 截面。在图 2.6(a)中，激励频率为 5 Hz，在 TEH－SSP 和 TEH－SP 中都出现了围绕所有稳定平衡位置的周期－1 阱间运动。在图 2.6(b)中，激励频率增加到 7 Hz，TEH－SSP 出现了规律的周期－1 阱间响应，而 TEH－SP 的响应局限在右边的势阱中，阻碍了高输出电压的产生。当激励频率达到 10 Hz 时，TEH－SP 响应呈现阱间混沌状态，而 TEH－SP 仍被限制在中间势能阱中。如图 2.6(c)所示，混沌响应可通过 Poincaré 截面上的不规则孤立红点来表征。当激励频率达到 13.4 Hz 时，TEH－SSP 和 TEH－SP 都展现出阱内运动，它们的相轨迹被限制在右边势能阱内。如图 2.6(d)所示，从 Poincaré 截面可以看出，TEH－SSP 为周期－3 的阱内运动，TEH－SP 为周期－1 的阱内运动。

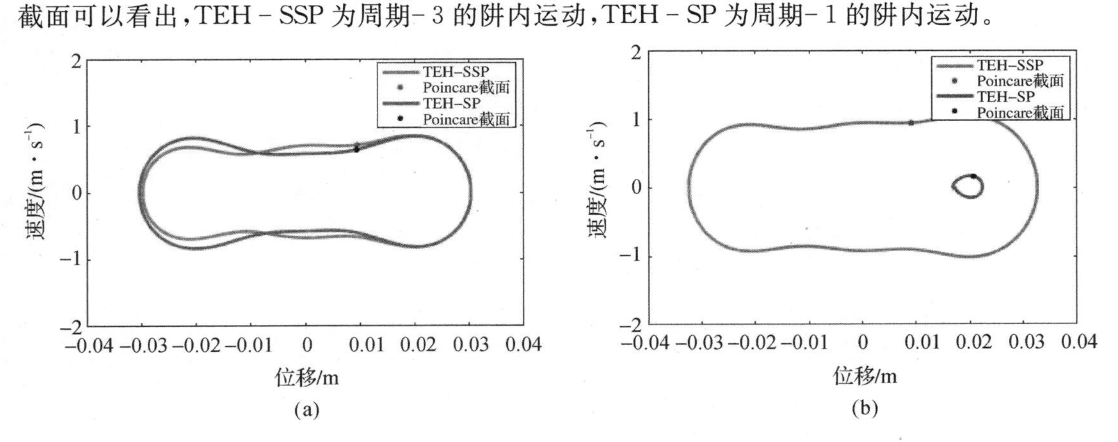

图 2.6　TEH－SP 和 TEH－SSP 四种激励频率下带有 Poincaré 映射的相平面图

(a) 5 Hz；　(b) 7 Hz；

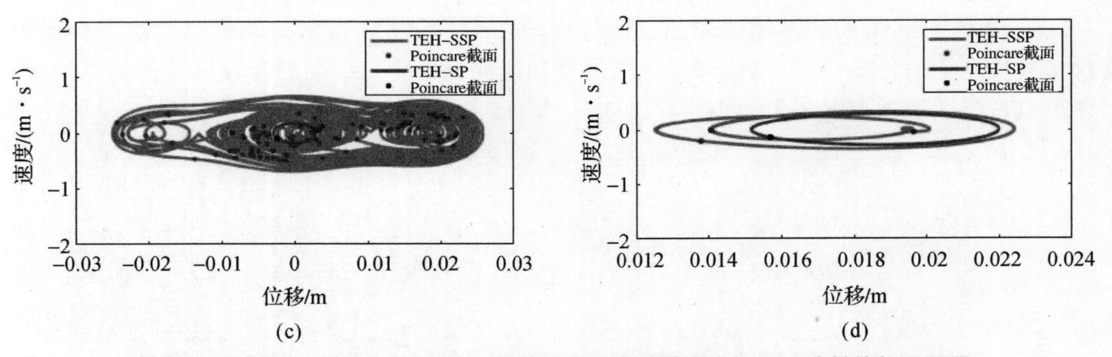

续图 2.6 TEH - SP 和 TEH - SSP 四种激励频率下带有 Poincaré 映射的相平面图

(c) 10 Hz； (d) 13.4 Hz

图 2.7 和图 2.8 显示了不同激励强度下正向和反向扫频激励下的响应。在扫频仿真中，采用变时间步长数值求解控制方程，总系统仿真时间为 600 s。为避免相邻频率的干扰，将扫描速率设置为 0.033 Hz/s。激励幅值设置为 $\ddot{a}$ =0.2g、0.4g、0.6g 和 0.8g，正向和反向扫频激励的频率范围为 5～25 Hz。在低水平激励 $\ddot{a}$ =0.2g 时，图 2.7(a)和图 2.8(a)中，两个响应都表现出了软化弹簧的非线性特性，且反向扫频激励下的响应更大。然后，当激励为 $\ddot{a}$ =0.4g 时，TEH - SSP 发生阱间运动，显示了其在扩宽大振幅振动响应频带方面的优势，如图 2.7(b)和图 2.8(b)所示。当激励频率进一步增加到 $\ddot{a}$ =0.6g 时，从图 2.7(c)和图 2.8(c)可以明显看出 TEH - SSP 中发生阱间响应的带宽变宽了。当激励水平达到 0.8g 时，响应结果如图 2.7(d)和图 2.8(d)所示，两个系统都表现出一种硬化弹簧非线性特性。总之，在正向和反向扫频激励下，TEH - SSP 比 TEH - SP 拥有更宽的有效工作带宽，它是提高能量收集性能的理想方案。

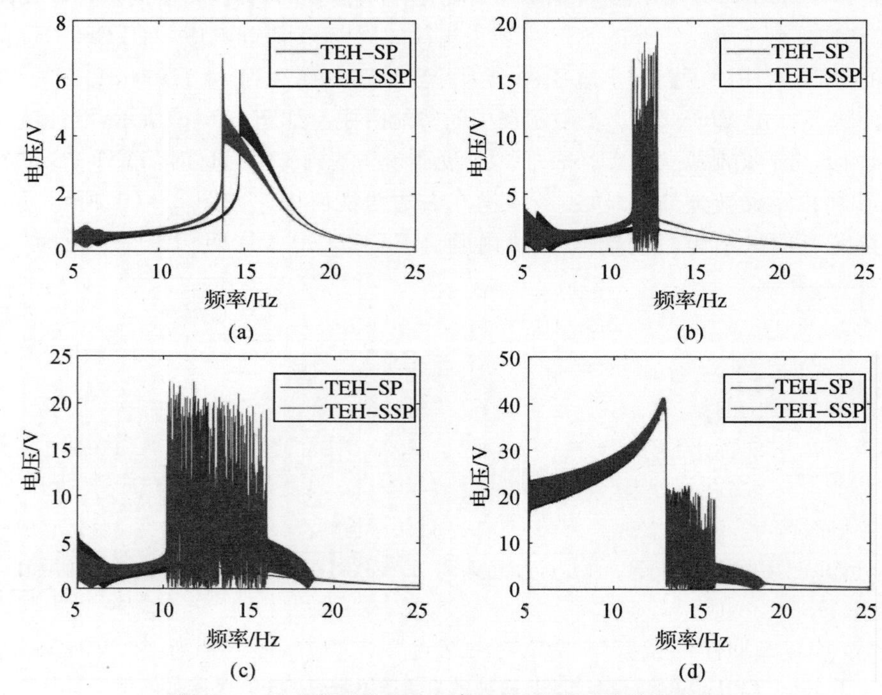

图 2.7 四个激励水平下正向扫频激励下的模拟响应

(a)0.2g； (b)0.4g； (c)0.6g； (d)0.8g

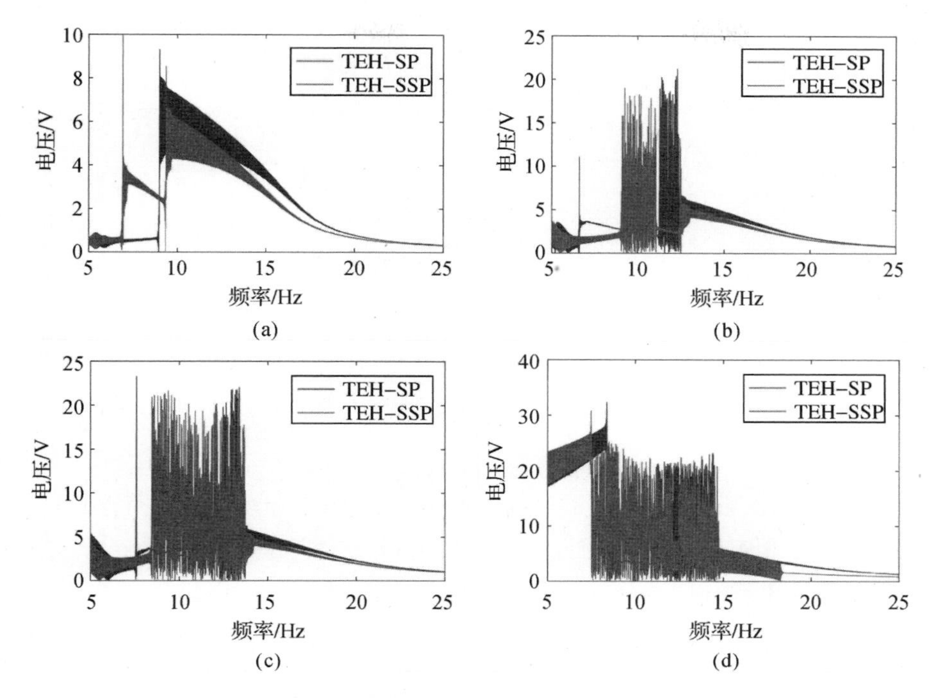

图 2.8　四个激励水平下逆向扫频激励下的模拟响应

(a)0.2g；(b)0.4g；(c)0.6g；(d)0.8g

2.3.2　随机激励下的响应

由于三稳态压电梁结构是一个强非线性系统，因此谐波激励不能反映 TEH 系统的全局动力学特性。通常的环境振动是以非平稳和宽频带随机振动的形式存在的。因此，迫切需要分析系统在随机激励下的响应，以确定系统的宽频响应特性。

假设随机基础激励为白噪声，即 $\ddot{y}=\zeta(t)$，其均值和相关函数为

$$\left.\begin{array}{l}\langle\zeta(t)\rangle=0\\ \langle\zeta(t)\zeta(t+\Delta t)\rangle=2D\delta(\Delta t)\end{array}\right\}\tag{2-11}$$

式中：D 为噪声强度；δ 表示 Dirac 函数。

图 2.9 为信噪比曲线(R_{SNR}，表示为 $R_{SNR}=\sigma_q/D$，其中 σ_q 为位移的标准差)和 RMS 电压曲线图。模拟中的标准差或均方根值都是对 20 组时间序列样本取平均值获得。为了保证随机信号的遍历性，在求解器中设置时间长度 200 s、数据点数为 10^6。如图 2.9(a)所示，R_{SNR}出现了显著峰值，说明出现了随机相干共振。随机相干共振的特征是系统在相邻势阱之间发生近似周期的频繁跳跃。TEH - SSP 在 $D=0.07g^2/\text{Hz}$ 时出现明显跳跃，而 TEH - SP 在 $D=0.13g^2/\text{Hz}$ 时出现明显跳跃。这说明 TEH - SSP 装置可以在较低的激励下实现阱间跳跃，这些拟周期性的跳跃可以导致电压大幅度提高。因此，从图 2.9(b)可以看出，TEH - SSP 装置可以大幅增大产生的电压，特别是在激励强度 $D=0.07g^2/\text{Hz}$ 时，电压增量可达到近 50%。

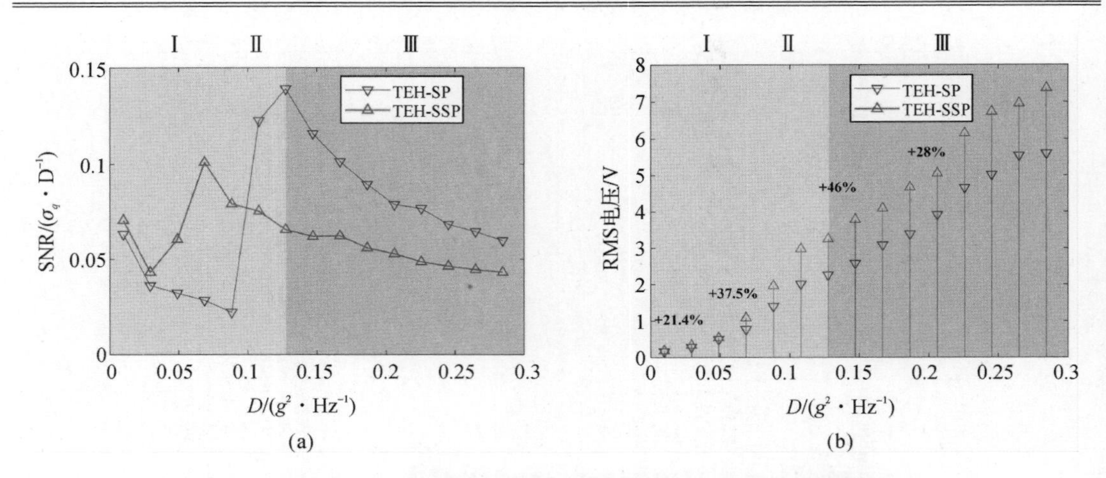

图 2.9 TEH-SP 和 TEH-SSP 的模拟随机动力学响应统计学特性

(a)RSNR 曲线和(b) RMS 电压. 区域Ⅰ为相邻势阱之间不发生跳跃的参数区域,区域Ⅱ为 TEH-SSP 可以实现跳跃的参数区域,区域Ⅲ为 TEH-SSP 和 TEH-SP 都可以实现频繁跳跃的参数区域

图 2.10～图 2.12 分别为 $D=0.03g^2$/Hz、$D=0.07g^2$/Hz 和 $D=0.15g^2$/Hz 时 模拟位移响应与输出电压响应。图 2.10(b)(d)、图 2.11(b)(d)和图 2.12(b)(d)中粗线分别表示 TEH-SP 和 TEH-SSP 的均方根电压。当激励为 $D=0.03g^2$/Hz 时,可以看出,TEH-SSP 和 TEH-SP 均没有发生相邻势阱之间的跳跃,相轨迹限制在右势能阱中,如图 2.10 所示。这两种结构的峰值电压都仅为 5 V 左右,但 TEH-SSP 的均方根电压为 0.34 V,比 TEH-SP 高 21.4%。

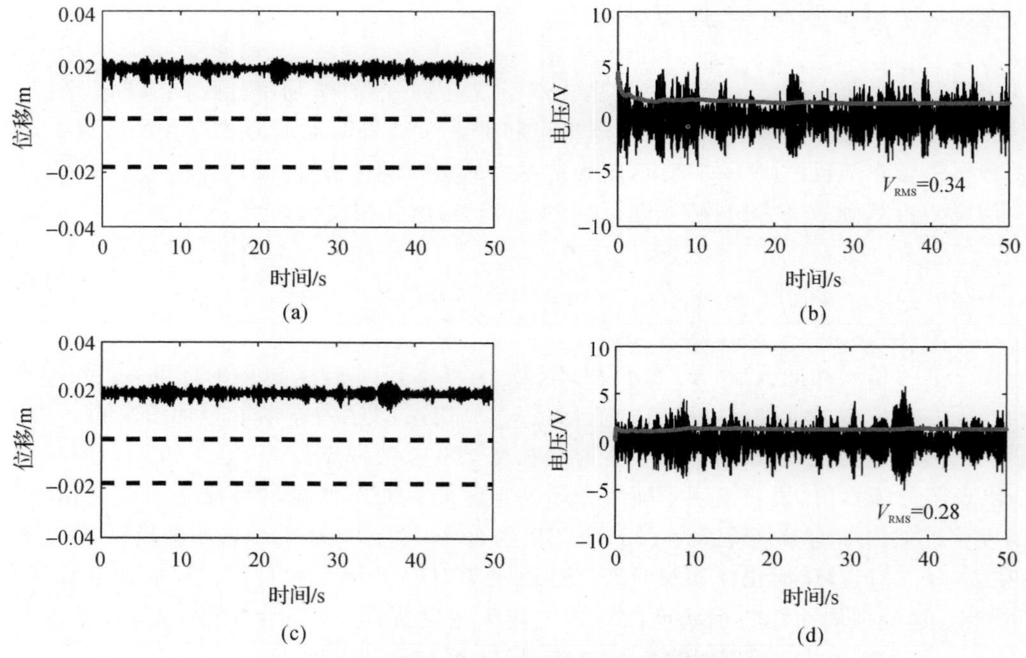

图 2.10 D=0.03g²/Hz 时的位移响应和输出电压

(a)(b)TEH-SSP; (c)(d) TEH-SP

当 D 值增加到 0.07g^2/Hz 时，由于势能垒较低，TEH－SSP 的响应在相邻势能阱之间出现跳跃，产生较大振幅的振动[见图 2.11(a)(b)]，产生了较高的输出电压。而 TEH－SP 具有高势能垒，不会发生阱间跳跃，输出电压较小。如图 2.11(b)(d)所示，TEH－SSP 的优势可以从输出峰值电压的比较中清楚地看到，TEH－SSP 为 12.2 V，TEH－SP 为 5.6 V。在有效均方输出电压方面，TEH－SSP 的有效值为 1.2 V，比 TEH－SP 的有效值高 50％。

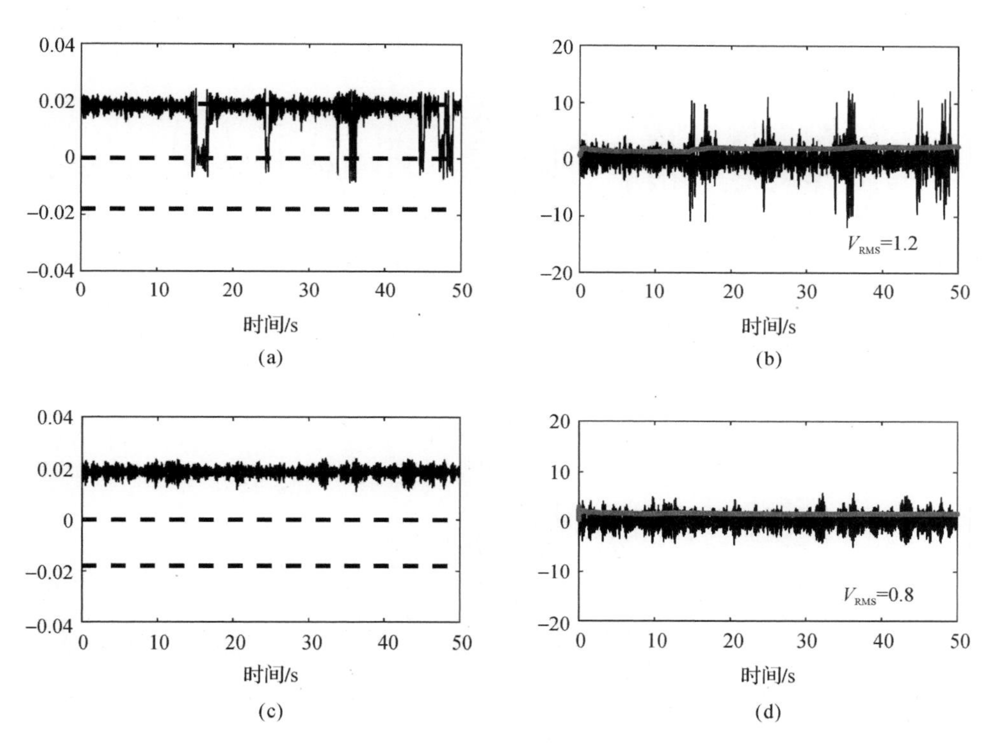

图 2.11　D ＝0.07g^2/Hz 时的位移响应和输出电压

(a)(b)TEH－SSP；　(c)(d) TEH－SP

最后，当 D 增加到 0.15g^2/Hz 时，TEH－SSP 和 TEH－SP 均表现出相邻势阱之间有规律的跳跃，即相干共振。由于 TEH－SSP 具有阶梯形状的势能函数，因此可能导致 3 个势能阱之间频繁地跳跃[见图 2.12(a)]。而对于 TEH－SP，相邻势能阱之间的距离较小，且相邻位势阱之间的位势差较大。因此，如图 2.12(d)所示，势阱之间很少发生跳跃，输出电压仍然很小。因此，与 TEH－SP 相比，在同一水平激励下 TEH－SSP 被激发出更大的幅值响应，产生更密集的高电压。需要注意的是，虽然 TEH－SSP 和 TEH－SP 之间的峰值电压差异很小，但是从两种 RMS 输出电压(TEH－SSP 为 3.8 V，TEH－SP 为 2.6 V)，可以清楚地看出 TEH－SSP 的优势，如图 2.9(b)所示。

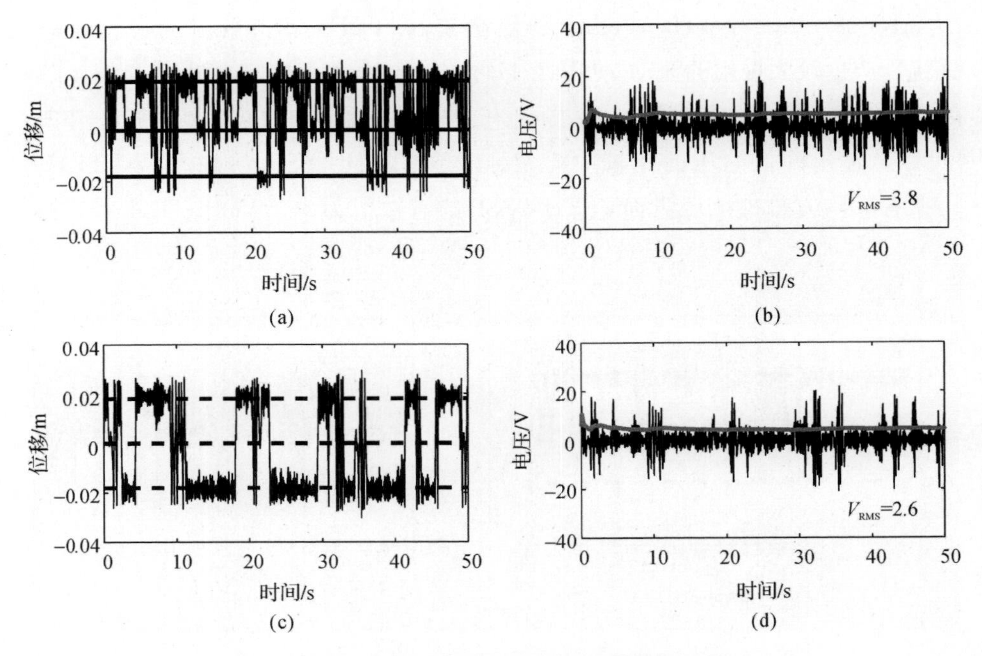

图 2.12　$D=0.15g^2/\text{Hz}$ 时的位移响应和输出电压

(a)(b) TEH－SSP；　(c)(d) TEH－SP

2.4　实验验证

为了验证所提出的模型和仿真结果，分别制作了一种 TEH－SSP 和 TEH－SP 样机并进行了相应的实验。图 2.13 为实验装置，实验中的谐波或随机基础激励由电磁激振器(LT－50，Econ Corp)提供。通过加速度计(14100，Econ Corp)测量激振器的加速度，然后将测量到的信号反馈给控制器(VT－9008，Econ Corp)。激振器的振动幅值通过功率放大器调节。随后，采用激光位移传感器(OptoNCDT1620，Micro－Epsion)和数字存储示波器(MDO3024，Tektronix)检测位移响应和输出电压信号。探针(TPP0250，Tektronix)的阻抗等效为 10 MΩ，实验中可以考虑其为开路情形。

图 2.14 给出了当加速度设定为 $0.2g$ 和 $0.8g$ 扫频激励时的位移和开路电压响应。整个实验采用了 0.075 Hz/s 的扫频速率。在 0.2g 低强度激励、5 ～20 Hz 频率范围内，两个系统的响应均限制在单个势能阱内，呈现出图 2.14(a)(b)所示的软弹簧非线性特征。然后，当加速度增加到 $0.8g$ 时，为避免超过最大允许位移限值，振动台控制器从 8 Hz 开始，而不是 5 Hz，实验结果如图 2.14(c)(d)所示。TEH－SSP 和 TEH－SP 的带宽和峰值电压都有所提高，但 TEH－SSP 具有更大的工作频率带宽。实验结果与图 2.7(a)(d)模拟的谐振频率基本一致。但在 $0.8g$ 加速度水平下，实验在谐振频率下的输出为 55 V，比图 2.7(d)中的仿真结果高 25%。这种差异在于扫频速率、范围不一致和阻尼估计不准确。

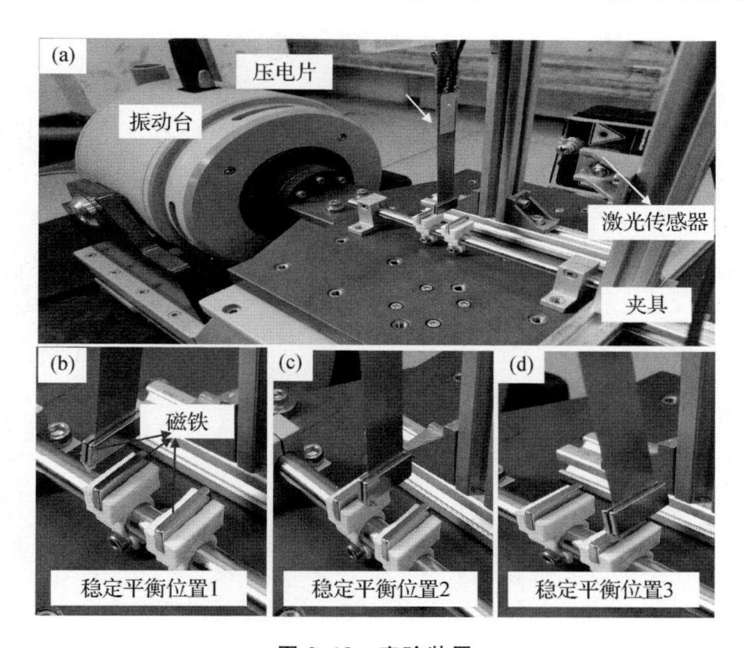

图 2.13　实验装置

(a)固定在激振器上的压电能量收集器；(b)～(d)平衡位置

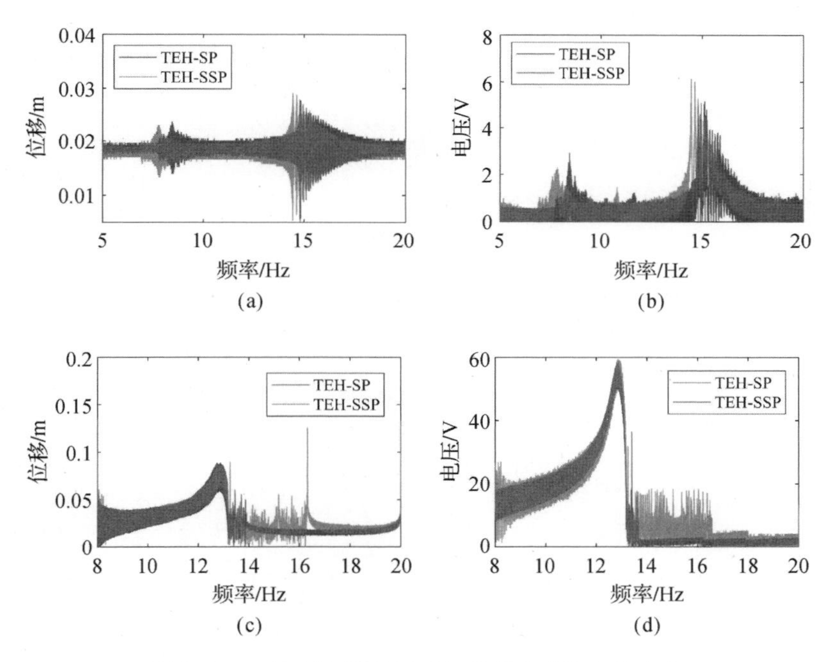

图 2.14　正向扫频激励下实验位移响应和开路电压

(a)(b) 0.2g；(c)(d) 0.8g

针对样机进行随机实验，实验激励为由控制器产生并分布在5～50 Hz的带宽上的宽频激励。通过对PSD在加速度谱带宽上的积分可以得到激励强度。为了保证遍历性，示波器在200 s的时间间隔内收集了10^6个数据点。对于TEH－SSP和TEH－SP，随机激励D的功率谱密度从$0.05g^2/\text{Hz}$依次增加到$0.25g^2/\text{Hz}$。图2.15(a)为实验R_{SNR}曲线，R_{SNR}曲线的峰值给出了引发势阱间有规律跳跃所需的激励强度。从图2.15中可以看出，TEH－SSP发生跳跃的临界激励强度为$D=0.07g^2/\text{Hz}$，这与图2.9(a)的模拟结果一致。而对于TEH－SP，只有当$D=0.15g^2/\text{Hz}$时，势阱间才会发生跳跃。图2.15(b)是不同激励水平下的TEH－SSP和TEH－SP的开路均方根电压。由图2.15(a)(b)可知，TEH－SSP发生频繁跳跃的临界激励水平较低。

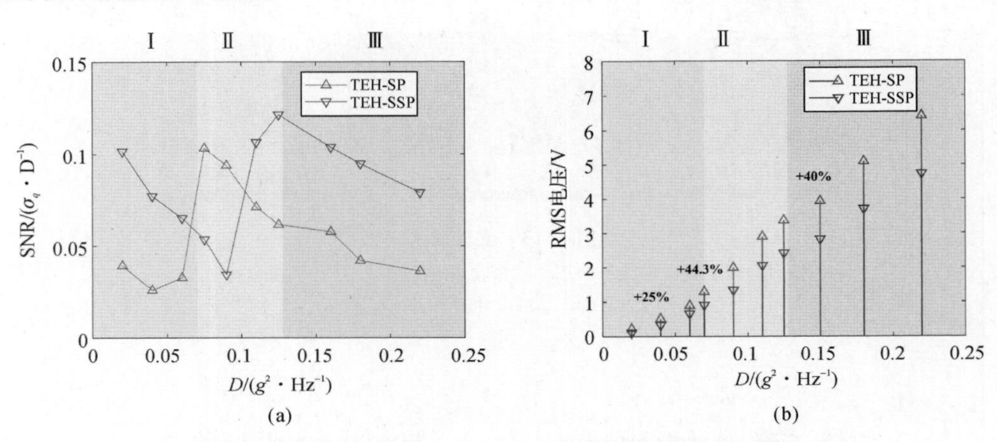

图2.15　TEH－SP和TEH－SSP的实验随机动力学响应统计特性

(a)实验R_{SNR}曲线；(b) RMS电压

Ⅰ区域表示相邻势阱之间不发生跳跃的参数区域，Ⅱ区域表示只有TEH－SSP可以实现跃变的参数区域，Ⅲ区域表示TEH－SSP和TEH－SP都可以实现有规律的跃变的参数区域

图2.16和图2.17分别为$D=0.07g^2/\text{Hz}$和$D=0.15g^2/\text{Hz}$时的实验位移和开路电压。图2.16(b)(d)和图2.17(b)(d)中粗体线分别表示TEH－SP和TEH－SSP的均方根电压。在图2.16中，对于TEH－SSP，尽管激励水平较低，但势能阱之间仍可能发生跳跃，产生高输出电压。TEH－SSP的均方根电压为1.4 V，比TEH－SP高56%。然而，对于TEH－SP，没有发生跳跃，其响应仅限于单个势能阱。在图2.17中，当激励水平增加到$D=0.15\ g^2/\text{Hz}$时，位移响应清楚地表明，TEH－SSP和TEH－SP在相邻势阱之间都发生了大振幅振动响应。此外，TEH－SSP的响应明显跳变频繁，产生更大的电压，均方根电压比TEH－SP高40%。对比图2.16、图2.17中的实验结果与图2.12、图2.13中的数值结果可知，最大误差为14.3%，这可以解释为弱随机振动测量的精度不够。

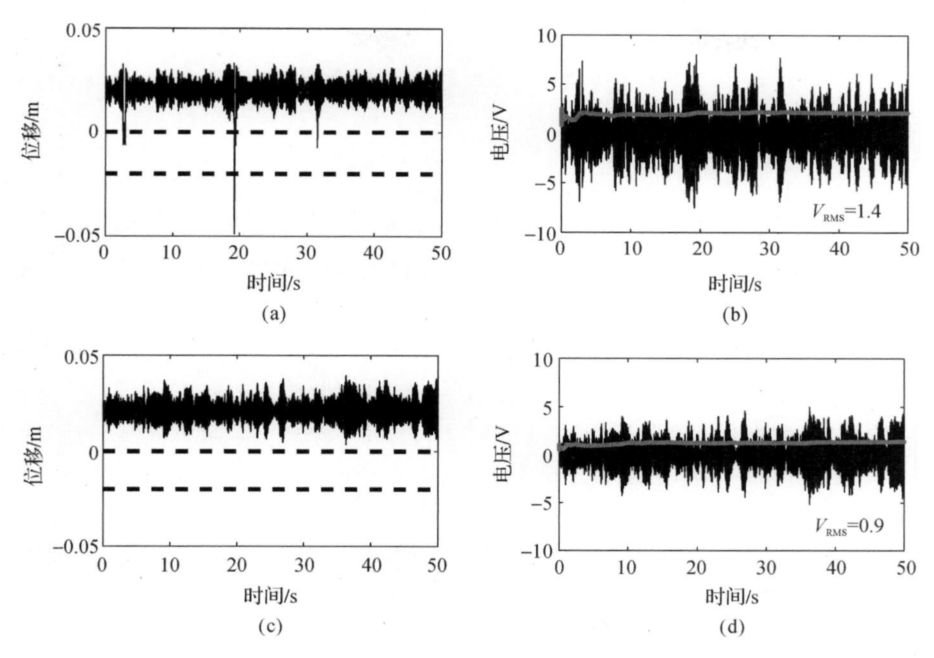

图 2.16　D=0.07 g²/Hz 激励强度下实验动力学响应和输出电压

(a)(b)TEH－SSP；　(c)(d)TEH－SP

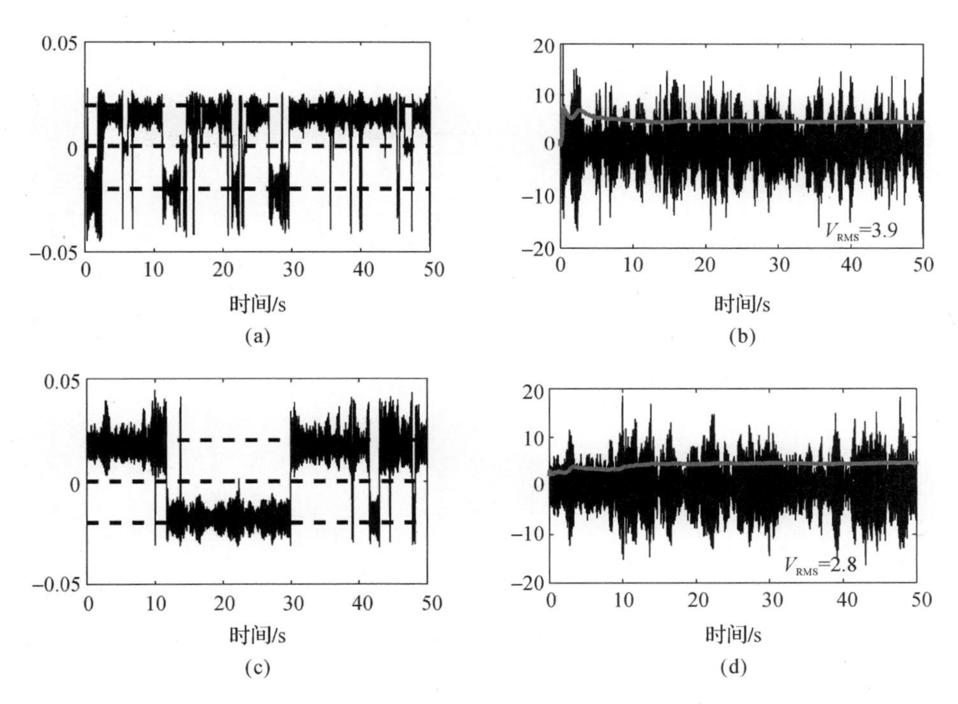

图 2.17　D=0.15 g²/Hz 激励强度下实验动力学响应和输出电压

(a)(b)TEH－SSP；　(c)(d)TEH－SP

2.5 结　论

本章提出了一种方案——通过将对称的势能调整为阶梯形状非对称势能来提高压电能量收集装置的性能。针对所提出的方案以及研究对象，推导并求解了控制方程。通过数值模拟和实验验证，证明了带有阶梯状势能函数的三稳态能量收集系统在谐波和随机激励下的优越性。从模拟和实验结果可以得出以下结论：

(1)通过引入磁体的几何不对称性，系统的势能可以由对称形转化为不对称阶梯形，导致相邻势能阱之间的势能差减小，更容易触发大振幅阱间响应。

(2)谐波和扫频两种激励下的响应均证明了 TEH－SSP 可以实现宽频的阱间振动响应。随机激励下的响应表明，在弱随机激励下，TEH－SSP 易于实现频繁的势阱跳跃，从而产生高电压。

(3)设计了带有阶梯形势能函数的三稳态能量收集系统样机，通过实验验证了理论预测，实验结果与仿真结果吻合较好，验证了该方法的有效性。

第3章　三稳态能量收集系统的同宿分岔及混沌动力学分析

3.1　引　　言

在多稳态压电能量收集系统中，同宿分岔是实现大幅阱间运动乃至混沌的原因，它本质上是在鞍点处，稳定流形和不稳定流形在扰动因素的作用下发生横截相交，呈现相轨迹跨越势能垒的跳跃现象。借助于同宿分岔，能量收集装置产生大幅响应并高效地将应变能转化为电能。Melnikov 方法是一种用于预测非线性压电振子同宿分岔的定性研究方法，被广泛应用于分析磁力耦合以及轴向受压梁双稳态能量收集系统。然而目前关于三稳态能量收集的工作多基于实验或数值模拟，无法深入揭示非对称三稳态能量收集系统的混沌、跳跃等复杂的动力学行为发生机理。本章针对传统的磁力耦合三稳态能量收集系统，考虑由外磁场的非对称性引起的几何非线性，建立了集中参数模型。通过 Melnikov 理论获得系统在谐波激励下发生同宿分岔的必要条件，利用数值方法验证相关的解析结果，揭示三稳态势能函数对能量收集效率的影响规律，为提升能量输出效率提供了理论参考。

3.1　模型分析

图 3.1(a)为本章所提出的三稳态能量收集系统，在长度为 L 的悬臂梁自由端附着一个磁铁 A，压电片粘贴在悬臂梁的根部。悬臂梁在基础激励 $A\cos(\Omega t)$ 作用下产生横向振动，结构振动产生的应变能通过压电薄膜(PVDF)转化为电能。永磁体 A 和基座上的永磁体 B、C、D 相互作用，势能函数存在 3 个最小值点，即系统呈现三稳态特点。如图 3.1(b)所示，永磁体位置的调整将会导致势能函数形状的改变，即从关于 y 轴对称的状态转变为非对称状态。为了研究三稳态能量收集系统的动态响应，下面直接给出能量收集系统的集中参数模型：

$$\left.\begin{aligned}&M\ddot{X}+C\dot{X}+F_{\text{non}}-\Theta V=\mu MA\cos(\Omega t)\\&C_{\text{p}}\dot{V}+\frac{V}{R}+\Theta\dot{X}=0\end{aligned}\right\}\tag{3-1}$$

式中：M 为等效质量；C 为等效阻尼；F_{non} 为非线性恢复力；Θ 为等效的机电耦合系数；

$A\cos(\Omega t)$ 为基础加速度激励，其中 A 表示加速度幅值，Ω 表示加速度角频率；μ 为集中参数模型的加速度修正因子；C_p 为压电材料的等效电容；X 是压电梁的横向位移；V 为纯电阻 R 上的电压。

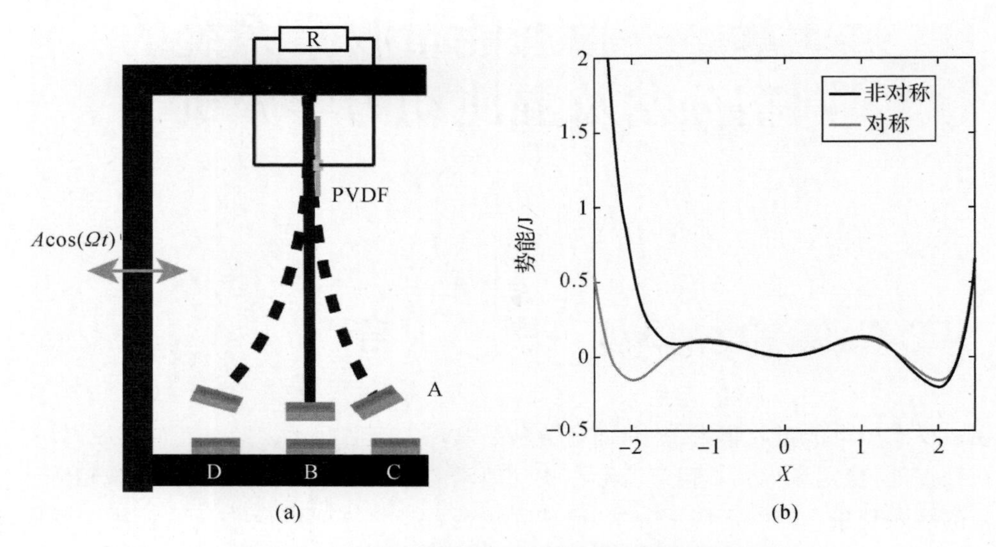

图 3.1　三稳态能量收集系统的模型以及势能函数

(a)模型示意图；(b)势能函数图

非线性恢复力 F_{non} 表示成多项式形式有

$$F_{\text{non}} = K_1 X + K_2 X^2 + K_3 X^3 + K_4 X^4 + K_5 X^5 \tag{3-2}$$

式中：$K_i (i = 1,2,3,4,5)$ 分别为三稳态能量收集系统的线性刚度以及非线性刚度系数。

考虑到系统的平衡点位置，恢复力 F_{non} 可以进一步因式分解成

$$F_{\text{non}} = K_5 (X - x_1)(X - x_2)(X - x_3)(X - x_4)(X - x_5) \tag{3-3}$$

式中：$x_i (i = 1,2,3,4,5)$ 为三稳态能量收集系统的平衡点位置。

引入无量纲常数 Q，令 $X = x_1 x$、$V = Qv$ 和 $t = \sqrt{\dfrac{K_5 {x_1}^4}{M}}\tau$，并考虑中间平衡位置为对称中心，即 $x_3 = 0$。式(3-1)重新写成如下无量纲形式：

$$\left.\begin{aligned} & x'' + 2\xi x' + \frac{1}{2}x(x-1)(x-\alpha_1)(x-\alpha_2)(x-\alpha_3) - \theta v = f\cos(\omega\tau) \\ & v' + \lambda v + \eta x' = 0 \end{aligned}\right\} \tag{3-4}$$

式中：(′) 表示关于无量纲时间变量 τ 的导数。

式(3-4)中的其他无量纲参数可表示为 $2\xi = \dfrac{C}{\sqrt{2K_5 x_1^4}}$，$\alpha_1 = \dfrac{x_2}{x_1}$，$\alpha_2 = \dfrac{x_4}{x_1}$，$\alpha_3 = \dfrac{x_5}{x_1}$，$\theta = \dfrac{M\Theta Q}{2K_5 {x_1}^4}$，$f = \dfrac{\mu MA}{2K_5 {x_1}^4}$，$\omega = \Omega/\sqrt{\dfrac{2K_5 {x_1}^4}{M}}$，$\eta = Q\Theta x_1 / C_p$，$\lambda = 1/\left(C_p R\sqrt{\dfrac{K_5 {x_1}^4}{M}}\right)$。

令 $x' = y$，式(3-4)重新写成状态方程形式：

$$\left.\begin{aligned} x' &= y \\ y' &= -2\xi x' - \frac{1}{2}x(x-1)(x-\alpha_1)(x-\alpha_2)(x-\alpha_3) + \theta v - f\cos(\omega\tau) \\ v' &= -\lambda v - \eta x' \end{aligned}\right\} \tag{3-5}$$

3.2　Melnikov 方法分析

下面将采用 Melnikov 方法来讨论系统的同宿分岔。如果将阻尼、机电耦合以及外激励都看成对式(3-5)对应的 Hamilton 系统的扰动项，未扰动的 Hamilton 系统可以写成

$$\left.\begin{aligned} x' &= y \\ y' &= -\frac{1}{2}x(x-1)(x-\alpha_1)(x-\alpha_2)(x-\alpha_3) \end{aligned}\right\} \tag{3-6}$$

图 3.2 为根据未扰 Hamilton 系统[见式(3-6)]得到的相平面图，图中的粗体即为同宿轨道，当 α_3 分别取 -1.4、-1.6 和 -1.8 时，相平面图以及势能函数关于中轴都成非对称分布。未扰 Hamilton 系统在鞍点(1,0)和(−1,0)处有两条独立的同宿轨道。随着 α_3 的减小，连接鞍点(−1,0)处的同宿轨道的负方向位移呈现明显的单调递增趋势。当 α_3 取 -2 时，相平面上除了两条独立的同宿轨道之外，还存在连接两个鞍点(1,0)和(−1,0)的异宿轨道，连接鞍点(−1,0)处的同宿轨道的负向位移达到最大值。值得注意的是，$\alpha_3=-2$ 时相平面以及势能函数都呈现对称分布。

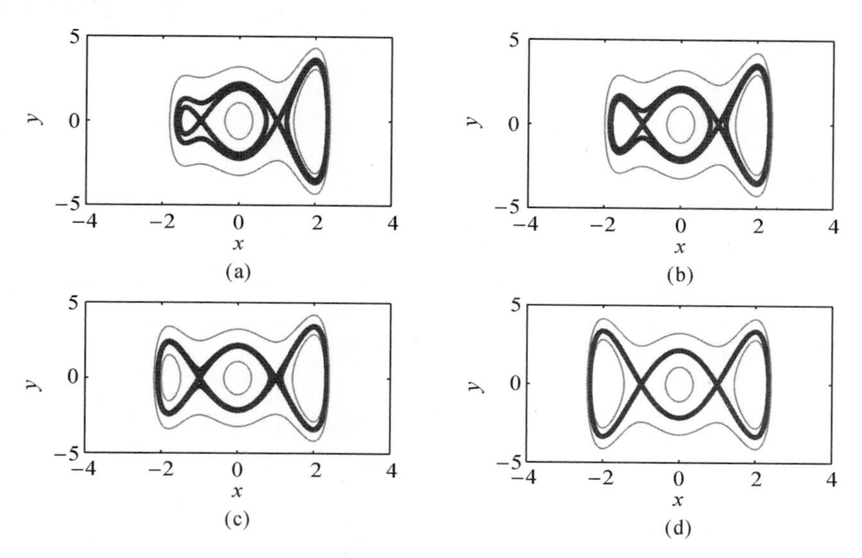

图 3.2　$\alpha_1=-1$，$\alpha_2=2$ 时的未扰 Hamilton 系统相平面图

(a) $\alpha_3=-1.4$；(b) $\alpha_3=-1.6$；(c) $\alpha_3=-1.8$；(d) $\alpha_3=-2$

下式为采用 Padé 逼近方法得到的同宿轨道解析表达式：

$$
\left.\begin{aligned}
x &= \frac{\gamma_0+\gamma_1 e^{i\sqrt{\omega_0}\tau}+\gamma_2 e^{i\sqrt{\omega_0}\tau}+\gamma_3 e^{i\sqrt{\omega_0}\tau}+\gamma_4 e^{i\sqrt{\omega_0}\tau}}{1+\beta_1 e^{i\sqrt{\omega_0}\tau}+\beta_2 e^{i\sqrt{\omega_0}\tau}+\beta_3 e^{i\sqrt{\omega_0}\tau}+\beta_4 e^{i\sqrt{\omega_0}\tau}} \\
y &= \frac{ie^{i\sqrt{\omega_0}\tau}\gamma_1\sqrt{\omega_0}+ie^{i\sqrt{\omega_0}\tau}\gamma_2\sqrt{\omega_0}+ie^{i\sqrt{\omega_0}\tau}\gamma_3\sqrt{\omega_0}+ie^{i\sqrt{\omega_0}\tau}\gamma_4\sqrt{\omega_0}}{1+e^{i\sqrt{\omega_0}\tau}\beta_1+e^{i\sqrt{\omega_0}\tau}\beta_2+e^{i\sqrt{\omega_0}\tau}\beta_3+e^{i\sqrt{\omega_0}\tau}\beta_4}- \\
&\frac{(\gamma_0+e^{i\sqrt{\omega_0}\tau}\gamma_1+e^{i\sqrt{\omega_0}\tau}\gamma_2+e^{i\sqrt{\omega_0}\tau}\gamma_3+e^{i\sqrt{\omega_0}\tau}\gamma_4)(ie^{i\sqrt{\omega_0}\tau}\beta_1\sqrt{\omega_0}+ie^{i\sqrt{\omega_0}\tau}\beta_2\sqrt{\omega_0}+ie^{i\sqrt{\omega\tau}}\beta_3\sqrt{\omega_0}+ie^{i\sqrt{\omega_0}\tau}\beta_4\sqrt{\omega_0})}{(1+e^{i\sqrt{\omega_0}\tau}\beta_1+e^{i\sqrt{\omega_0}\tau}\beta_2+e^{i\sqrt{\omega_0}\tau}\beta_3+e^{i\sqrt{\omega_0}\tau}\beta_4)^2}
\end{aligned}\right\}
\tag{3-7}
$$

其中，$\omega_0=\sqrt{2}/2$，表示未扰 Hamilton 系统[见式(3-6)]的固有频率。

表 3.1 给出了 a_3 分别取 −1.4、−1.6、−1.8 和 −2 时 Padé 逼近表达式[见式(3-7)]的系数。图 3.3 比较了非对称情形（$\alpha_3=-1.4$）和对称情形（$\alpha_3=-2$）同宿轨道解的解析结果和数值结果，可以看出两者一致性较好。因此逼近函数表达式[见式(3-7)]可用于解析计算 Melnikov 函数，获得发生同宿分岔的激励阈值。

表 3.1　Padé 逼近表达式的系数

α_3	γ_0	γ_1	γ_2	γ_3	γ_4	β_1	β_2	β_3	β_4
−1.40	0.71	−11.57	−19.13	−11.57	−1.00	8.97	8.38	8.97	1.00
−1.60	0.71	−3.79	−3.26	−3.79	−1.00	1.86	1.31	1.86	1.00
−1.80	0.71	−1.08	−1.16	−1.076	−1.00	−0.58	1.70	−0.58	1.00
−2.00	0.71	0.11	−1.15	0.11	−1.00	−1.60	2.44	−1.60	1.00

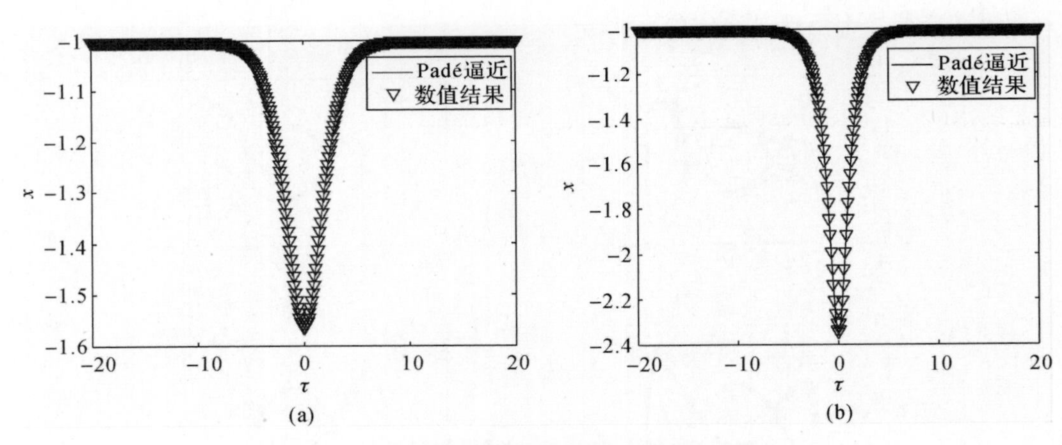

图 3.3　同宿轨道逼近结果和解析结果的比较

(a) $\alpha_3=-1.4$ 时同宿解；(b) $\alpha_3=-2$ 时同宿解

将式(3-5)重新写成带有扰动项的 Hamilton 系统：

$$
\begin{bmatrix} x' \\ y' \\ v' \end{bmatrix} = \boldsymbol{H}(x,y)+\varepsilon\boldsymbol{G}(x,y,v,\tau) \tag{3-8}
$$

式中：$\boldsymbol{H}(x,y)$ 和 $\boldsymbol{G}(x,y,v,\tau)$ 分别表示保守系统和扰动系统的向量函数，具体为

$$\left.\begin{aligned}\boldsymbol{H}(x,y)&=\begin{Bmatrix}y\\-\dfrac{1}{2}x(x-1)(x-\alpha_1)(x-\alpha_2)(x-\alpha_3)\\0\end{Bmatrix}\\\boldsymbol{G}(x,y,v,\tau)&=\begin{Bmatrix}0\\-2\xi y-\theta v+f\cos(\omega\tau)\\-\lambda v+\eta y\end{Bmatrix}\end{aligned}\right\}\tag{3-9}$$

根据 Smale－Birkhoff 定理以及 Melnikov 理论，定义可以用来测量稳定流形和不稳定流形之间距离的函数，即 Melnikov 函数：

$$\begin{aligned}M(\tau_0)&=\int_{-\infty}^{\infty}\boldsymbol{H}(x,y)\wedge\boldsymbol{G}(x,y,v,\tau,\tau_0)\mathrm{d}\tau\\&=\int_{-\infty}^{\infty}2\zeta(y)^2\mathrm{d}\tau+\int_{-\infty}^{\infty}\theta yv\mathrm{d}\tau+f\int_{-\infty}^{\infty}\cos[\omega(\tau+\tau_0)]y\mathrm{d}\tau\end{aligned}\tag{3-10}$$

式中：“$\wedge$”表示二维外积算子。

基于 $M(\tau_0)$ 的定义可知，当 $M(\tau_0)$ 存在零根时，系统的稳定流形和不稳定流形将横截相交，响应将会发生同宿分岔以呈现 Smale 马蹄意义下的混沌。发生同宿分岔的必要条件就是当且仅当下式成立：

$$\int_{-\infty}^{\infty}2\zeta y^2\mathrm{d}\tau+\int_{-\infty}^{\infty}\theta yv\mathrm{d}\tau\leqslant f\int_{-\infty}^{\infty}\cos(\omega\tau)y\mathrm{d}\tau\tag{3-11}$$

值得注意的是，式(3－11)仅仅是发生同宿分岔的必要条件，满足该条件并不一定会产生阱间跳跃或混沌响应，但是该方法依然能够为预测系统的同宿分岔提供解析形式的参考。

由式(3－11)可知，三稳态能量收集系统发生同宿分岔时，激励幅值满足 $f\geqslant\dfrac{\int_{-\infty}^{\infty}2\zeta y^2\mathrm{d}\tau+\int_{-\infty}^{\infty}\theta yv\mathrm{d}\tau}{\int_{-\infty}^{\infty}\cos(\omega\tau)y\mathrm{d}\tau}$。图 3.4 为根据参数 $\xi=0.05$，$\theta=0.05$，$\eta=10$，$\lambda=5$ 得到的同宿分岔阈值曲线，图中“☆”为将 Padé 逼近近似表达式代入 Melnikov 函数中所获得的解析结果。曲线上方即为特定激励频率下发生同宿分岔的激励幅值范围，从中可以看出：相比于 $\alpha=2$ 时的对称三稳态能量收集系统，非对称时的三稳态能量收集系统的同宿分岔阈值相比对称系统较低。

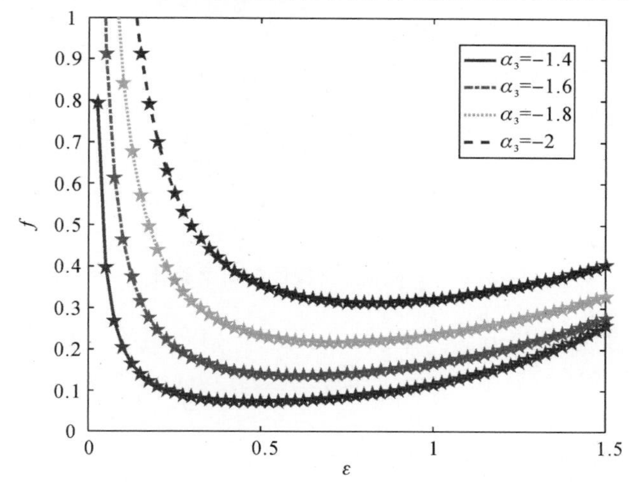

图 3.4　同宿分岔阈值曲线

3.3 数值模拟

现在通过 Rouge - Kutta 方法对三稳态能量收集系统(3 - 4)中的同宿分岔现象进行数值验证。图 3.5 为 a_3 分别取 -1.4、-1.6、-1.8 和 -2，其他无量纲参数为 $\theta=0.05$，$\xi=0.05$，$\eta=10$，$\lambda=5$，$\Omega=0.5$ 时，输出电压 v 关于激励幅值 f 的分岔图和最大 Lyapunov 指数谱，图 3.5(a)中的虚线为通过 Melnikov 方法得到的同宿分岔阈值。从图 3.5(a)中可以看到，当 f 在 0～0.75 之间变化时，系统将会交替出现倍周期分岔以及混沌窗口，引起混沌的激励幅值有下限而没有上限。图 3.5(b)中给出了相应的对称系统和非对称系统的 Lyapunov 指数谱结果，它们与分岔图相互对应。当激励幅值小于采用 Melnikov 方法预测的阈值时，没有发现阱间跳跃现象。通过对比分岔图中的数值结果可知，调整不同平衡点位置可使系统呈现不同的动力学响应，非对称系统发生同宿分岔的激励阈值要低于对称系统，这与图 3.4 中同宿分岔阈值曲线的规律一致。

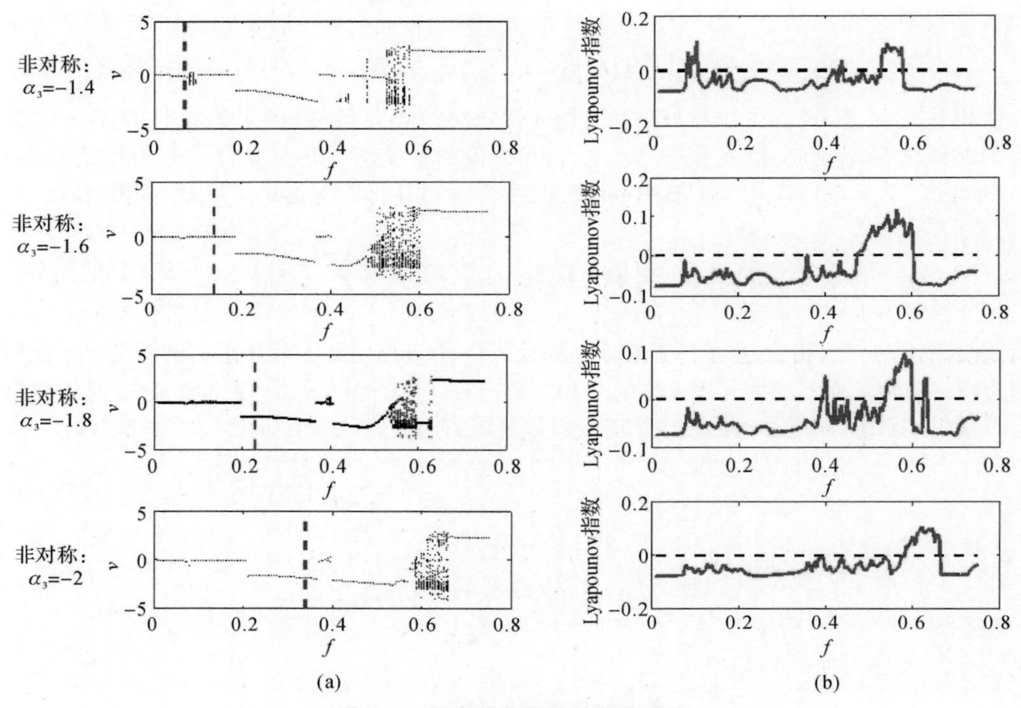

图 3.5 同宿分岔阈值的数值验证

图 3.6 和图 3.7 为激励幅值 f 取不同的数值时三稳态能量收集系统在非对称势能情形($\alpha_3=-1.4$)和对称势能情形($\alpha_3=-2$)的相平面、Poincaré 截面以及电压时间历程对比。图 3.6(a)(c)中，当 f 分别取 0.05 和 0.09 时，由于该激励强度在对称和非对称情形均无法满足同宿分岔必要条件[见式(3 - 11)]，系统呈现小幅的阱内运动，输出电压幅值较低；如图 3.6(b)(d)所示，当 f 增加至 0.09 时，激励幅值大于非对称情形($\alpha_3=-1.4$)的同宿分岔阈

值，系统出现了阱间跳跃的混沌响应；然而由于输入的激励幅值小于 $\alpha_3=-2$ 时对称情形的同宿分岔阈值，不足以激发阱间振动，相轨迹曲线限制在单个的势能阱中。通过对比图 3.6(b)和图 3.6(d)右图中的电压输出时间历程，可见非对称系统中阱间混沌响应的有效均方根电压高于对称势能系统的小幅阱内电压响应的均方值。因此，非对称势能函数能降低发生同宿分岔的阈值，使系统在较低的激励幅值下出现阱间跳跃，从而改善低强度激励时的能量输出效果。

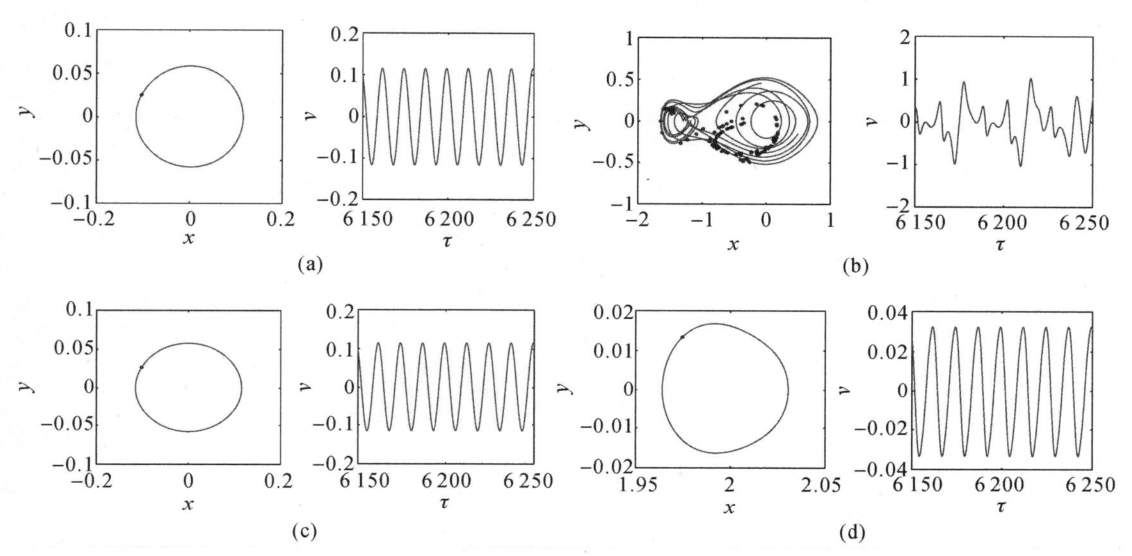

图 3.6　$f=0.05$ 和 $f=0.09$ 时的时间历程图以及带有 Poincaré 截面相平面图

(a)(b)非对称情形($\alpha_3=-1.4$)；　(c)(d)对称情形($\alpha_3=-2$)

图 3.7(a)(c)中，当激励幅值 f 进一步增加到 0.2 时，$\alpha_3=-1.4$ 时的非对称系统呈现大幅的周期阱间运动。从相轨迹图中可看出由于非对称势能阱的影响，位移和速度在正向的最大值高于负向的最大值。然而此激励强度仍小于对称势能系统的 Melnikov 阈值，输入能量不足以激发阱间振动，相轨迹曲线限制在单个较深的势能阱。如图 3.7(b)(d)所示，随着基础激励幅值增大到 $f=0.61$，对称系统和非对称系统都能获得足够的能量越过势能垒，呈现出大幅的阱间振动。然而势能函数的差异导致了截然不同的两种动力学响应，非对称情形时的相轨迹呈现大幅的周期一1 运动，输出电压波形较为规整且有效幅值较高，而对称情形时的相轨迹为跨越多个势能阱的无规律混沌状态，Poincaré 截面上出现了由无规则的点构成的吸引子。因此，非对称势能函数可用于调控能量收集系统的动力学行为，提高输出能量的品质。

为了直观展示系统从对称势能阱状态转变为非对称势能阱状态过程中的动力学行为演化过程，图 3.8(a)为 f 取 0.5 时输出电压 v 关于 α_3 的分岔图。当参数 α_3 从 −2 增大至 −1 的过程中，混沌和周期响应交替出现并最终呈现周期一1 响应。如图 3.8(b)所示，当 α_3 处于区间[−2，−1.6]时，混沌响应占主要成分且有效输出电压整体较低；当 α_3 从 −1.6 增大至 −1 时，输出电压单调递减。为了进一步揭示系统的动力学行为演化过程，图 3.8(c)(d)分别为 $\alpha_3=-1.3$ 和 $\alpha_3=-1.75$ 时候的吸引盆，深色区域为初始条件平面，浅色区域表示吸引子。从中能看出在相同的激励条件下，$\alpha_3=-1.75$ 时系统在任意初始条件下在都呈现混沌响应，而 $\alpha_3=-1.3$ 时系统将呈现周期-1 响应。因此，适当增加系统的非对称性：一方面有利于抑制混沌响应的产生，实现混沌响应至周期响应的调控；另一方面根据优化后非对

称调节参数 α_3，可进一步使系统输出电压达到最大，提高能量收集效率。

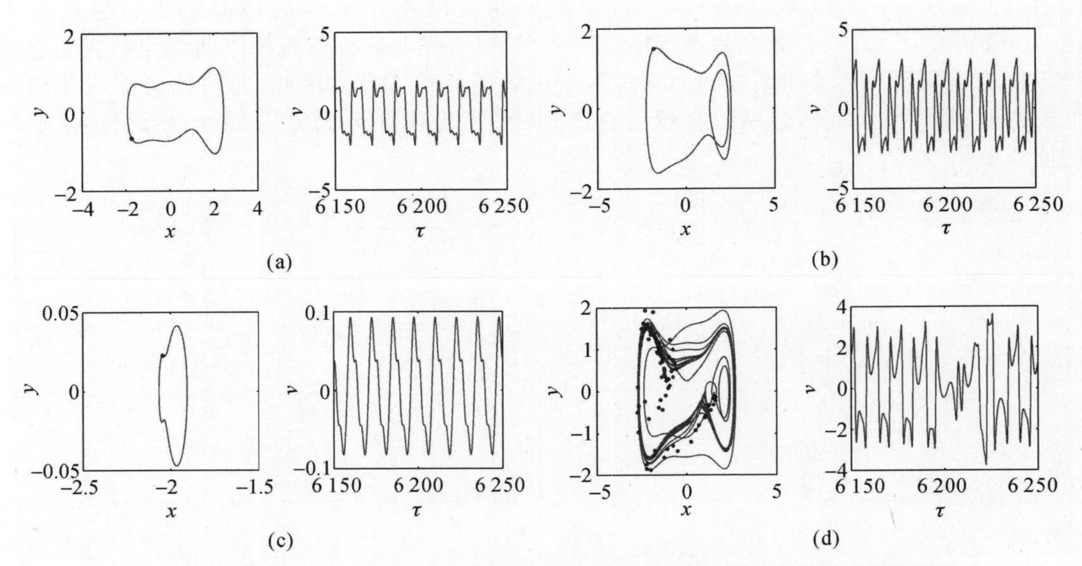

图 3.7　f=0.2 和 f=0.61 时的时间历程图以及带有 Poincaré 截面的相平面图

(a)(b)非对称情形（α_3 =－1.4）；(c)(d)对称情形（α_3 =－2）

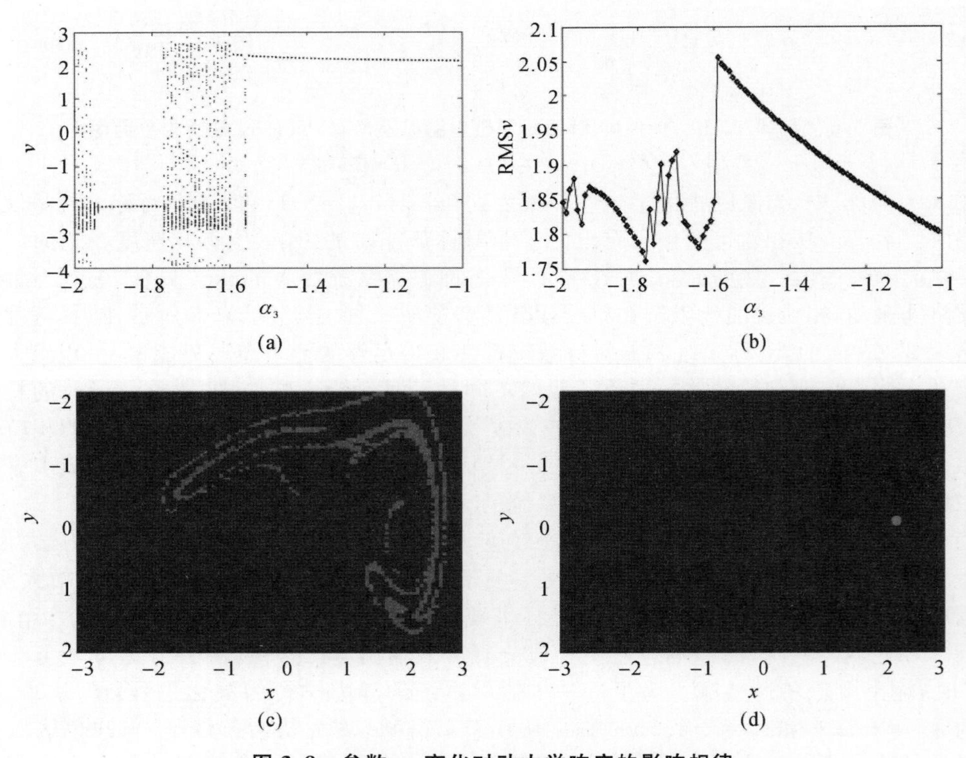

图 3.8　参数 α_3 变化对动力学响应的影响规律

(a)随参数 α_3 变化的分岔图；(b)随参数 α_3 变化的有效电压；

(c) α_3 =－1.75 时的吸引盆；(d) α_3 =－1.3 时的吸引盆

3.3 结　　论

基于 Melnikov 理论预测一类三稳态能量收集系统在谐波激励下发生同宿分岔的阈值。首先，考虑悬臂梁在磁力耦合作用下的多稳态特性，建立能够描述势能函数全局特征的三稳态集中参数能量收集系统模型。其次，基于 Padé 逼近获得非对称势能函数和对称势能函数情形的同宿轨道近似表达式，结合 Melnikov 函数得到发生同宿分岔的必要条件。最后，通过数值模拟验证理论分析，得到以下结论：

(1)关于三稳态能量收集系统同宿分岔的理论分析与分岔图、最大 Lyapunov 指数等数值结果相一致，在激励强度超过同宿分岔阈值后，系统出现输出能量较高的大幅阱间振动响应。

(2)非对称势能函数能减小发生同宿分岔的阈值，提高低强度激励下的能量输出。在较低的激励强度作用下，带有非对称势能函数的三稳态能量收集系统能产生阱间的混沌以及周期响应，而对称系统的响应限制在单个的势能阱内。

(3)非对称势能函数在一定程度上有助于调控三稳态能量收集系统的响应特性，当激励强度较大时，非对称势能函数也可将混沌运动调整为高能的大幅周期运动，提高收集能量的品质。

第4章　多稳态尾流驰振能量收集系统的混沌动力学分析

在第3章中，主要应用 Melnikov 理论于基础振动激励的情况。根据笔者所知，目前没有相关流致振动激励下的三稳态能量收集系统的同宿分岔研究。受尾流驰振能量收集的相关研究的启发，本章利用 Melnikov 分析得到多稳态尾流驰振能量收集系统混沌发生的必要条件。

4.1　模型分析

为了研究多稳态尾流驰振能量收集系统的动力学响应，本节提出了一种集中参数动力学模型。如图4.1所示，提出的模型可以简化为单自由度的弹簧质量振子，它的等效质量为 M，等效恢复力为 F_k，等效阻尼为 C，等效电容为 C_p，机电耦合系数为 θ。单自由度模型所受到的气动力为 F_X。基于牛顿定律，振动控制方程可得：

$$\left.\begin{aligned} M\ddot{X} + C\dot{X} + F_k + \theta V &= F_X \\ C_p\dot{V} + \frac{V}{R} - \theta\dot{X} &= 0 \end{aligned}\right\} \tag{4-1}$$

双稳态恢复力由于其特殊的动力学特性，在其提出后的较长一段时间内受到一些研究者的广泛关注。但是近年来的一些研究者证明三稳态系统因其更低的势能函数而具有更宽的工作频带。然而在三稳态流固耦合振动能量收集这方面的研究相对较少。

图4.2(a)为具有多稳态弹性支撑的动力系统示意图。不同于只有单个弹簧支撑的线性动力系统，斜摆放的弹簧可提供非线性支撑刚度。恢复力可以分解成非光滑形式的分段线性函数：

$$F_k(X) = 2KX - K[\mathrm{sign}(X-a) + \mathrm{sign}(X+a)] \tag{4-2}$$

式中：K 为等效刚度；a 表示两个铰接点的距离，符号函数 $\mathrm{sign}(X)$ 可以表示成

$$\mathrm{sign}(X) = \begin{cases} +1, & X > 0 \\ 0, & X = 0 \\ -1, & X < 0 \end{cases} \tag{4-3}$$

从图4.2(b)中可以看出，恢复力表现出分段和不连续特性，因此系统表现出强非线性的特征。将式(4-2)代入式(4-1)中，多稳态尾流驰振系统就可以数值求解。为了描述尾流驰振在特定流速下的共振特性，将尾流驰振的作用力表示成一个单频激励：

$$F_y = \frac{\rho U^2 D C_F}{2}\sin\left(2\pi Sr \frac{U}{D}t\right) \tag{4-4}$$

式中：$\frac{\rho U^2 D C_F}{2}$ 为振幅；C_F 为无量纲升力；U 表示流速；D 表示钝头体横截面的宽度；Sr 表示斯特劳哈尔数。

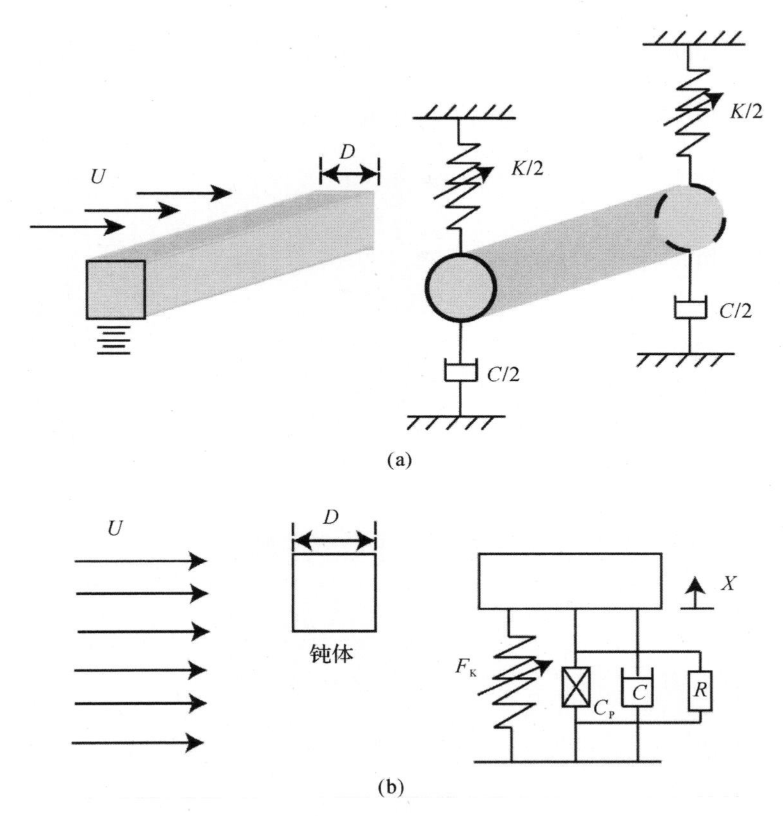

图 4.1　三稳态尾流驰振能量收集系统

(a)结构示意图；(b)简化模型

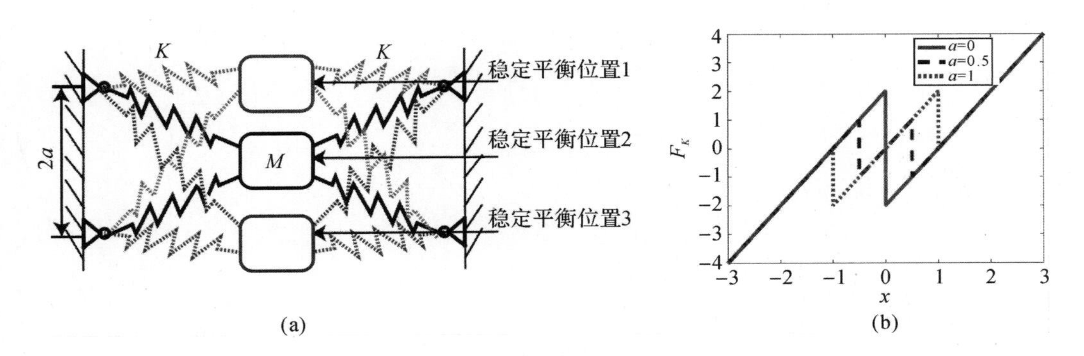

图 4.2　多稳态静力学特性

(a)三稳态平衡位置；(b)恢复力

4.2 Melnikov 分析

为了得到集中参数模型在参数空间中的混沌阈值,本节将进行 Melnikov 分析。首先通过以下变换实施无量纲化:$\tau = t\omega_n, x = \dfrac{X}{D}, v = \dfrac{C_P}{\theta D}V, \overline{m} = \dfrac{\rho D^2 C_F}{2M}, \overline{U} = \dfrac{U}{\omega_n D}, \kappa = \dfrac{\theta^2}{M\omega_n^2 C_P}$,$\lambda = \dfrac{1}{RC_P\omega_n}, \xi_m = \dfrac{C}{2M\omega_n}, f = \dfrac{U^2}{M}$。式(4-1)可重新写为

$$\left.\begin{aligned} &\ddot{x} + 2\xi_m\dot{x} + 2k_0[x - \mathrm{sign}(x-\alpha) + \mathrm{sign}(x+\alpha)] - \theta v = f\sin(\Omega t) \\ &\dot{v} = -\lambda v - \kappa\dot{x} \end{aligned}\right\} \tag{4-5}$$

式(4-5)又可以进一步转化为状态方程

$$\left.\begin{aligned} &\dot{x} = y \\ &\dot{y} = -2\xi_m y - 2k_0[x - \mathrm{sign}(x-\alpha) + \mathrm{sign}(x+\alpha)] + \theta v + f\sin(\Omega t) \\ &\dot{v} = -\lambda v - \kappa y \end{aligned}\right\} \tag{4-6}$$

其中 $\Omega = 2\pi St\overline{U}$。

为了使用 Melnikov 方法,式(4-6)写为

$$(x, y, v) = f(x) + \varepsilon g(x) \tag{4-7}$$

式中:ε 为小参数;$f(x)$ 和 $g(x)$ 为向量函数,可以表示成

$$\left.\begin{aligned} f(x) &= \begin{cases} y \\ -2k_0 x + 2k_0[\mathrm{sign}(x-\alpha) + \mathrm{sign}(x+\alpha)] \\ 0 \end{cases} \\ g(x) &= \begin{cases} 0 \\ -2\xi_m y - \kappa v + f\sin(\Omega t) \\ -\lambda v - y \end{cases} \end{aligned}\right\} \tag{4-8}$$

根据式(4-5)中恢复力的表达式,势能函数可以表示成:

$$U_k(x) = k_0(x^2 - |x-\alpha| + |x+\alpha|) \tag{4-9}$$

图 4.3 给出了 $\alpha = 0, \alpha = \dfrac{1}{2}$ 和 $\alpha = 1$ 时的势能函数。值得注意的是在 $\alpha = 0$ 和 $\alpha = \dfrac{1}{2}$ 时,势能函数分别在 $x = 0$ 和 $x = \pm 0.5$ 处呈现最大值,如果输入能量超过这一值,系统将有可能从阱内振动转化为阱间振动响应。

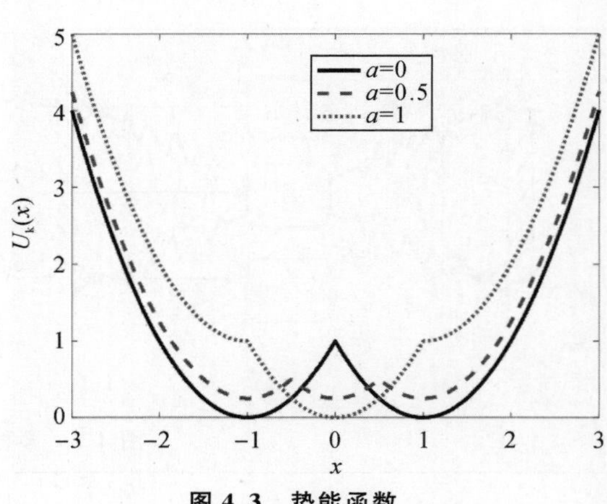

图 4.3 势能函数

图 4.4 分别给出了 $\alpha = 0, 0 < \alpha < 1$ 和 $\alpha = 1$ 时的 Hamilton 相图。如图 4.4 (a)所示,在 $\alpha = 0$ 时,Hamilton 相图由两个分别围绕 $(\pm 1, 0)$ 的封闭圆环构成。封闭曲线 Ho 为同宿轨道,它们相交于 $x = 0$ 处。图 4.4(b) (c)(d)中,3 个大小不一的圆环构成同宿-异宿-同宿轨道,同宿轨道的中心分别位于(±1,0)和(0,0)。连接同宿轨道的鞍点位于$\left(\pm\frac{\alpha}{k_0},0\right)$,此处对应势能函数的峰值。在图 4.4(e)中,两个围绕(0,0)的半圆构成了异宿轨道 He,并且连接类异宿轨道的奇点分别位于(±1,0)。同宿和异宿轨道的表达式见表 4.1。

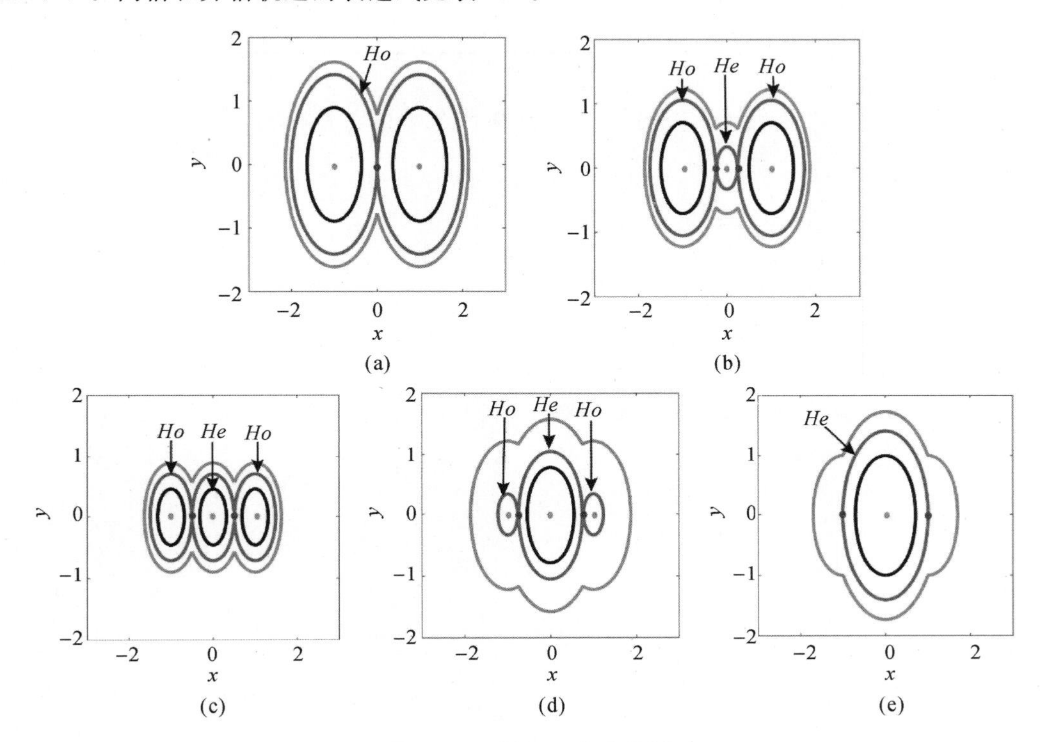

图 4.4　Hamiltion 相平面图

(a)双稳态;　(b, c, d)三稳态;　(e)单稳态

Ho 为同宿轨道,He 为异宿轨道

表 4.1　同宿和异宿轨道的表达式

α	表达式
$\alpha=0$	同宿轨道表达式: $[x_{\pm}^{1}(t_1),y_{\pm}^{1}(t_1)]=\{\pm1\pm\cos\sqrt{2}t_1,\mp\sqrt{2}\sin\sqrt{2}t_1\}\cup\{0,0\}$, 其中 $t_1\in\{-\pi/\sqrt{2},\pi/\sqrt{2}\}$
$0<\alpha<1$	同宿轨道表达式: $\{x_{\pm}^{2}(t_2),y_{\pm}^{2}(t_2)\}=\{\pm1\pm(1-\alpha)\cos\sqrt{2}t_2,\mp(1-\alpha)\cos\sqrt{2}t_2\}\cup\left\{\pm\frac{\alpha}{k_0},0\right\}$, 其中 $t_2\in\{-\pi/\sqrt{2},\pi/\sqrt{2}\}$ 异宿轨道表达式: $\{x_{\pm}^{2}(t_2),y_{\pm}^{2}(t_2)\}=\{\pm\alpha\sin\sqrt{2}t_2,\pm\alpha\sqrt{2}\cos\sqrt{2}t_2\}\cup\{\pm\alpha,0\}$, 其中 $t_2\in\{-\pi/2\sqrt{2},\pi/2\sqrt{2}\}$

续 表

α	表达式
$\alpha=1$	异宿轨道表达式： $\{x_{\pm}^{4}(t_2),y_{\pm}^{4}(t_2)\}=\{\pm\sin\sqrt{2}t_2,\pm\sqrt{2}\cos\sqrt{2}t_2\}\cup\{\pm1,0\}$， 其中，$t_2\in\{-\pi/2\sqrt{2},\pi/2\sqrt{2})$

基于式（4-6）以及表4.1中的公式，电压解析表示可以表示成

$$v_h{}^i(t)=\mathrm{e}^{-\lambda t}\int_0^t[x^i(t)]\mathrm{d}t \tag{4-10}$$

Melnikov 函数 $M(\tau)$ 表示成

$$\begin{aligned}M(\tau)&=\int_{-\infty}^{\infty}\{f[x_{\pm}^{i}(t)]\wedge g[x_{\pm}^{i}(t),t+\tau]\}\mathrm{d}t\\&=\int_{-\infty}^{\infty}\{-2\xi_m[x_{\pm}^{i}(t)]^2-\kappa v^i{}_{[x_{\pm}^{i}(t)]}+mU^2\sin[\Omega(t+\tau)][x_{\pm}^{i}(t)]\}\mathrm{d}t\end{aligned} \tag{4-11}$$

i=1,2,3,4。其中外积算子 ∧ 表示成

$(a_1,a_2)^{\mathrm{T}}\wedge(b_1,b_2)^{\mathrm{T}}=a_1b_2-a_2b_1$

式(4-11)中积分结果分别表示成

$$\int_{-\infty}^{\infty}\{-2\xi_{\mathrm{m}}[y_{\pm}^{1}(t)]^2\}\mathrm{d}t=-2\sqrt{2}\pi\xi_{\mathrm{m}}$$

$$\int_{-\infty}^{\infty}-\kappa v_{\mathrm{h}}^{1}[y_{\pm}^{1}(t)]\mathrm{d}t=\frac{\sqrt{2}\pi\kappa^2\lambda}{2+\lambda^2}$$

$$\int_{-\infty}^{\infty}m\overline{U}^2\sin[\Omega(t+\tau)][y_{\pm}^{1}(t)]\mathrm{d}t=-\frac{4\overline{m}\overline{U}^2\sin(\Omega\tau)\sin\dfrac{\Omega\pi}{\sqrt{2}}}{-2+\Omega^2}$$

$$\int_{-\infty}^{\infty}\{-2\xi_{\mathrm{m}}[y_{\pm}^{2}(t)]^2\}\mathrm{d}t=-2\sqrt{2}\xi_{\mathrm{m}}(-1+\alpha)^2$$

$$\int_{-\infty}^{\infty}-\kappa v_{\mathrm{h}}^{2}[y_{\pm}^{2}(t)]\mathrm{d}t=-\frac{\sqrt{2}\pi(-1+\alpha)\kappa^2\lambda}{2+\lambda^2}$$

$$\int_{-\infty}^{\infty}m\overline{U}^2\sin[\Omega(t+\tau)][y_{\pm}^{2}(t)]\mathrm{d}t=-\frac{4m\overline{U}^2(-1+\alpha)\sin\dfrac{\Omega\pi}{\sqrt{2}}\sin(\Omega\tau)}{-2-\Omega^2}$$

$$\int_{-\infty}^{\infty}\{-2\xi_{\mathrm{m}}[y_{\pm}^{3}(t)]^2\}\mathrm{d}t=-\sqrt{2}\pi\alpha^2\xi_{\mathrm{m}}$$

$$\int_{-\infty}^{\infty}-\kappa v_{\mathrm{h}}^{3}[y_{\pm}^{3}(t)]\mathrm{d}t=\frac{\pi\alpha^2\kappa^2\lambda}{\sqrt{2}(2+\lambda^2)}$$

$$\int_{-\infty}^{\infty}m\overline{U}^2\sin[\Omega(t+\tau)][y_{\pm}^{3}(t)]\mathrm{d}t=-\frac{4\overline{m}\overline{U}^2\alpha\cos(\Omega\tau)\cos\dfrac{\Omega\pi}{2\sqrt{2}}}{-2+\Omega^2}$$

$$\int_{-\infty}^{\infty}\{-2\xi_{\mathrm{m}}[y_{\pm}^{4}(t)]^2\}\mathrm{d}t=-\sqrt{2}\pi\xi_{\mathrm{m}}$$

$$\int_{-\infty}^{\infty} -\kappa v_{h}^{1}[y_{\pm}^{4}(t)]\mathrm{d}t = \frac{\pi\kappa^{2}\lambda}{\sqrt{2}(2+\lambda^{2})}$$

$$\int_{-\infty}^{\infty} m\overline{U}^{2}\sin[\Omega(t+\tau)][y_{\pm}^{4}(t)]\mathrm{d}t = -\frac{4m\overline{U}^{2}\cos(\Omega\tau)\cos\dfrac{\Omega\pi}{2\sqrt{2}}}{-2+\Omega^{2}}$$

若 Melnikov 函数存在简单零点，意味着稳定流形将会和不稳定流形横截相交。在参数 $\xi=0.05$，$\lambda=0.01$，$\kappa=0.5$，$\theta=0.1$ 时的 Ω-$\overline{U}$ Melnikov 阈值如图 4.5 所示。从图 4.5(a) 中可以看出，随着阻尼参数 ζ 的增加，发生阱间振动的流体激励阈值不断增大。如图 4.5(b)所示，非线性参数 α 显著影响系统的同宿分岔阈值和异宿分岔阈值，随着 α 的增大，同宿阈值不断减小而异宿阈值却不断增大。应该注意的是 Melnikov 得到的条件仅仅为发生 Smale 马蹄意义下混沌的必要条件，而不是充分条件，意味着参数在阈值区域的范围内，系统会由于初值敏感性等因素而不一定会发生势能阱间跳跃以及大振幅的混沌现象。

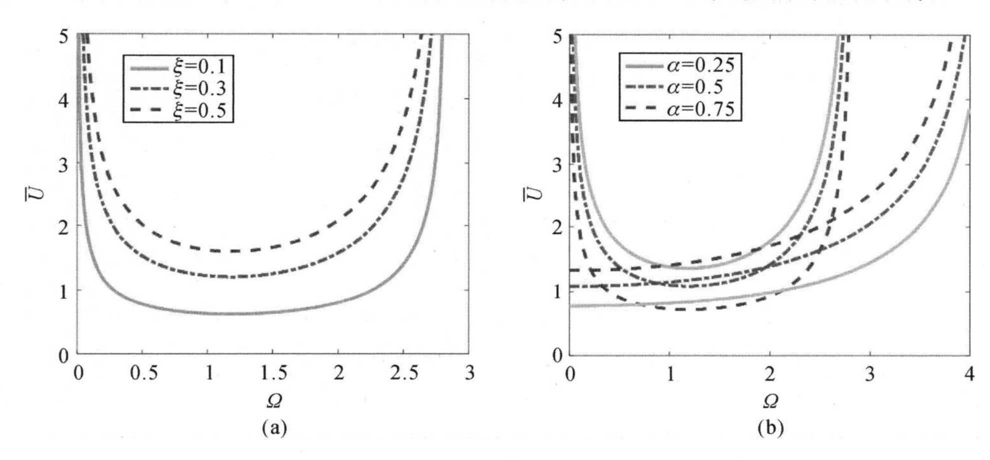

图 4.5　阈值曲线

(a)阻尼的影响；(b)非线性调谐参数的影响

4.3　数值模拟

为了验证 Melnikov 理论得到的混沌判据，对式(4-6)进行数值模拟，模拟参数为 $\xi=0.05$，$\lambda=0.01$，$\kappa=0.5$，$\theta=0.1$。图 4.6 给出了 $\alpha=0.25$ 时通过频闪法获得的 $\overline{U}$-x 分岔图，图中诱发阱间跳跃的阈值表示为虚线，可以从中发现：当流速低于阈值时没有阱间运动；而当流速高于阈值时系统分岔图出现了大幅的混沌窗口。为了进一步验证非线性动力学行为的演化，图 4.6(b)(c)(d) 给出了不同风速时的相平面图和 Poincaré 截面，在 $\overline{U}=1.41$ 处，系统呈现小幅的阱内周期-1 响应，Poincaré 截面为单个孤立的点。当流速增加到$\overline{U}=2$，系统进入混沌状态，相平面呈现出由无数不规则分散点构成的奇怪吸引子[见图 4.6 (b)]。当风速继续增大到 $\overline{U}=3.46$ 时，系统呈现出大幅双阱的周期-5 运动，相平面呈现由 5 个独立点组成的吸引子。

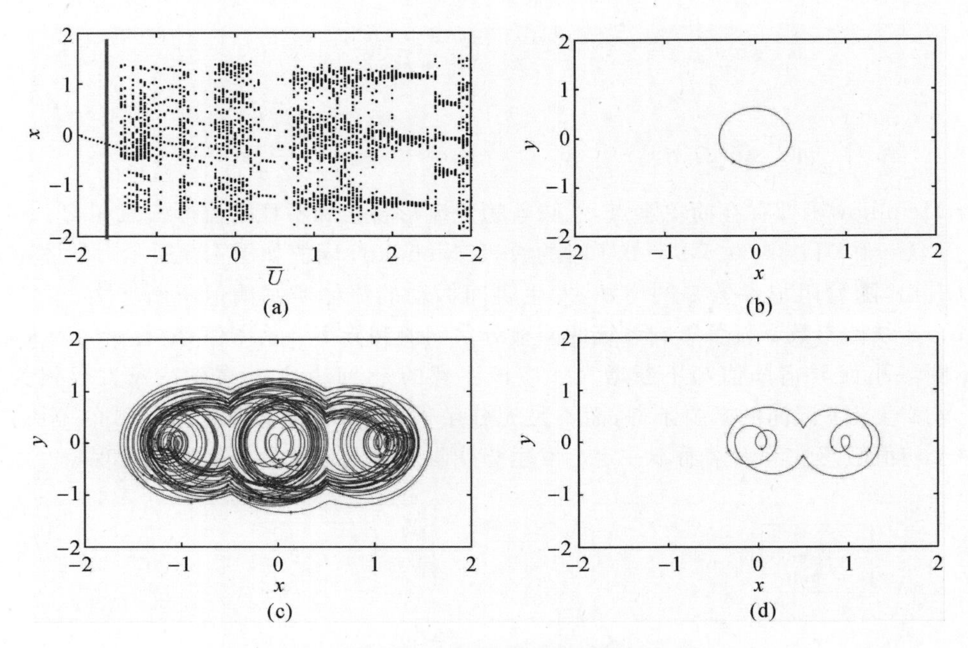

图 4.6　$\alpha=0.25$ 时候的非线性动力学行为

(a) $\overline{U}-x$ 分岔图；(b) $\overline{U}=1.41$ 的相平面图和 Poincaré 截面；
(c) $\overline{U}=2$ 的相平面图和 Poincaré 截面；(d) $\overline{U}=3.46$ 的相平面图和 Poincaré 截面

当非线性参数 $\alpha=0.5$ 时，如图 4.7(a)所示，系统响应也经历了单倍周期、混沌和多倍周期的变化，并且在小于流速阈值的范围内未发现混沌现象，验证了 Melnikov 方法的有效性。如图 4.7 (c)(d)所示，当流速 $\overline{U}$ 大于阈值时，系统出现阱间跳跃并呈现典型的混沌吸引子。当 $\overline{U}=2.65$ 时，系统呈现大幅双阱的周期-5 运动，Poincaré 截面呈现由 5 个独立点组成的吸引子。在图 4.8 中，当流速低于阈值时，系统呈现周期-1 运动，并且响应被限制在 $\alpha=0.75$ 的势能阱当中。当流速增加到 $\overline{U}=3.15$ 时，Poincaré 截面呈现典型的混沌吸引子。当风速进一步增大到 $\overline{U}=3.46$ 时，系统通过逆倍周期分岔出现周期-5 响应。

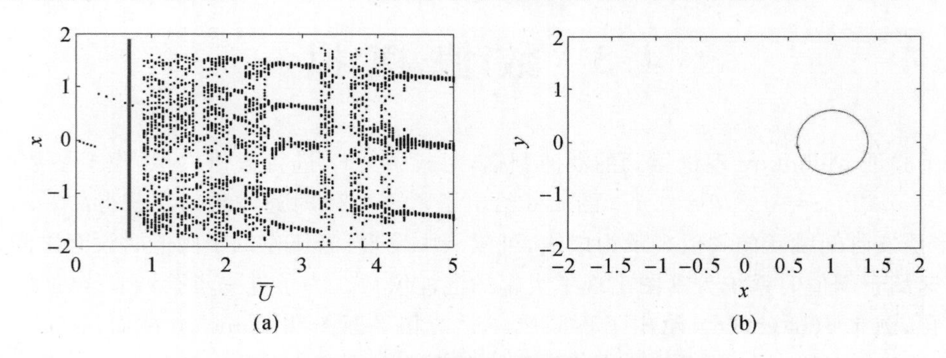

图 4.7　$\alpha=0.5$ 时候的非线性动力学行为

(a) $\overline{U}-x$ 分岔图；(b) $\overline{U}=1.41$ 的相平面图和 Poincaré 截面

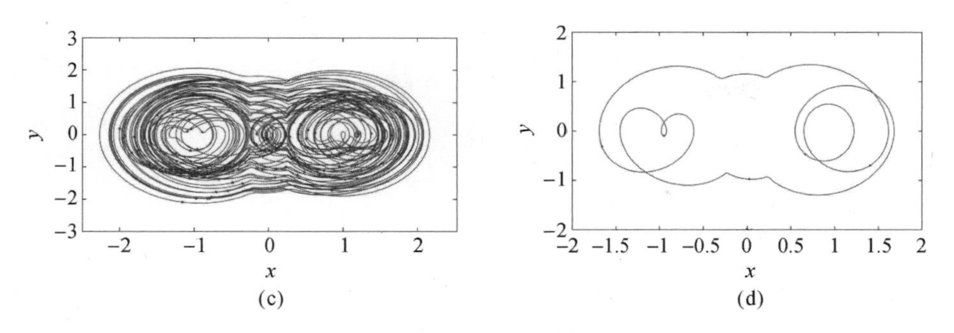

续图 4.7　$\alpha=0.5$ 时候的非线性动力学行为

(c) $\overline{U}=2$ 的相平面图和 Poincaré 截面；　(d) $\overline{U}=3.46$ 的相平面图和 Poincaré 截面

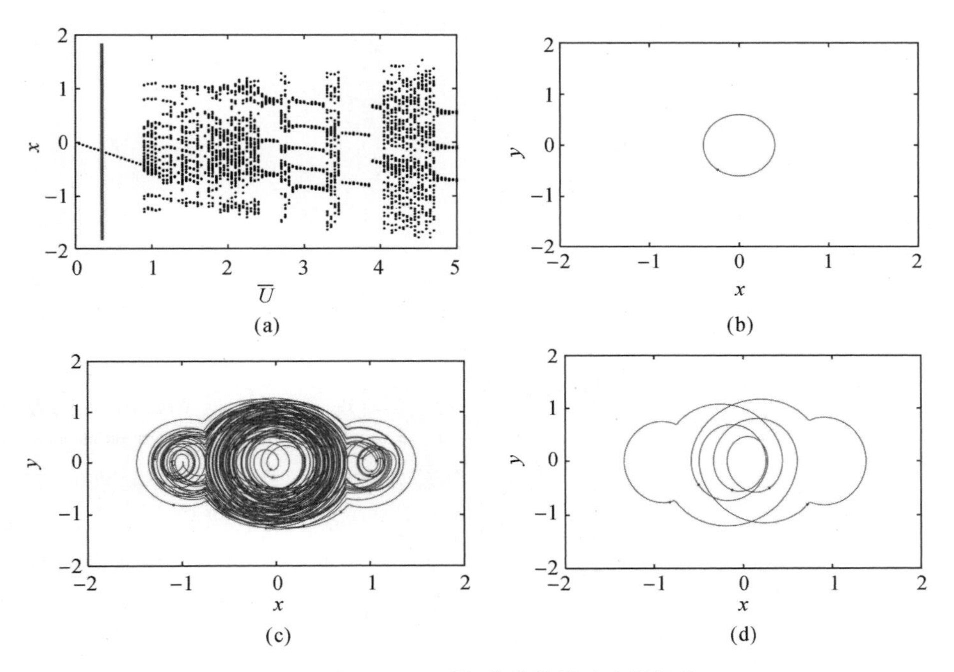

图 4.8　$\alpha=0.75$ 时候的非线性动力学行为

(a) $\overline{U}-x$ 分岔图；　(b) $\overline{U}=1.41$ 的相平面图和 Poincaré 截面；

(c) $\overline{U}=2$ 的相平面图和 Poincaré 截面；　(d) $\overline{U}=3.46$ 的相平面图和 Poincaré 截面

通过比较图 4.6～图 4.8 可知，非线性参数通过改变势能函数的形状来调节发生阱间跳跃的阈值曲线。当 $\alpha=0.5$ 时。系统具有较低的势能垒和较低的混沌阈值，从而在较低的流速下发生阱间跳跃。因此，通过选择合适的势能函数，将有助于提升从低频和低强度环境激励下收集能量的能力。

为了比较不同势能函数对能量转化效率的影响规律，图 4.9 给出了归一化的能量密度，即将模拟均方电压除以作用在钝体上的风速能量。当 $\alpha=0.5$ 时，归一化的有效电压为 0.73，这一指标比 $\alpha=0.25$ 和 $\alpha=0.75$ 时高 1 倍。当风速设定为 2.45 时，很明显 3 种情况下的相平面轨迹都呈现小幅的响应。当风速增加到 3.46，$\alpha=0.5$ 时的相轨迹实现阱间振动响应，而 $\alpha=0.25$ 和 $\alpha=0.75$ 时响应仍然限制在单个的势能阱当中。当风速进一步增加到 4.89，3 种情况下的相平面图全部呈现出阱间混沌响应，且 $\alpha=0.75$ 时较深的势能阱与高频激励同步产生较高的电压。

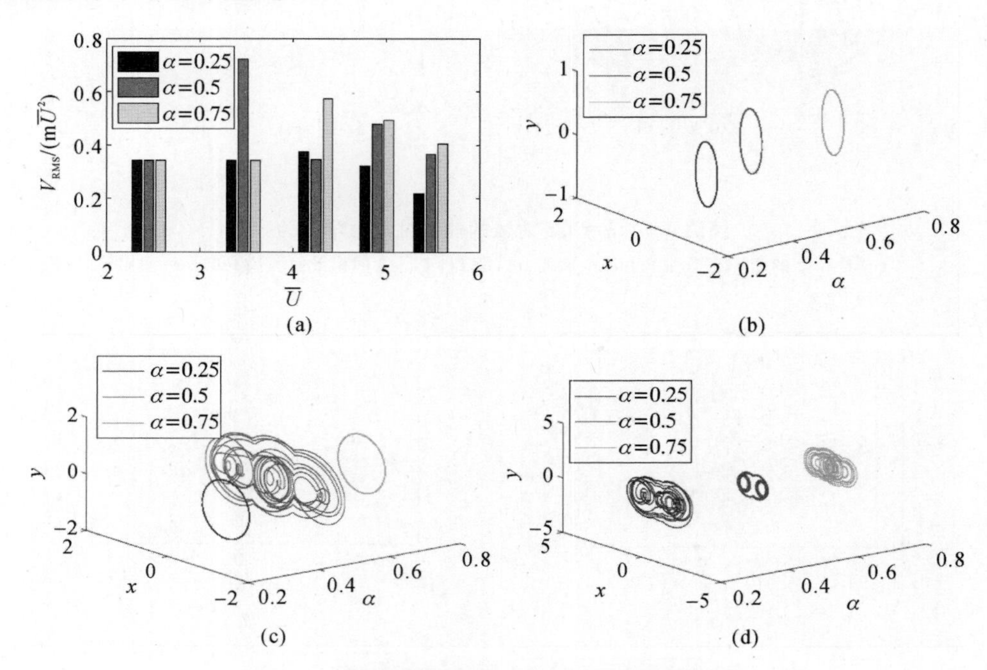

图 4.9　能量转化效果与 3 个风速下的稳态响应

(a) 能量密度；(b，c，d) $\overline{U}=2.45$，$\overline{U}=3.46$ 和 $\overline{U}=4.89$ 相平面图

图 4.10(a) 给出了势能函数的变化趋势。随着 α 的增加，阱间距离单调减少，并且势能阱的深度在 $\alpha=0.5$ 处达到最小。图 4.10 (b)给出了 $\alpha=0.25$、$\alpha=0.5$ 和 $\alpha=0.75$ 时关于风速的 RMS 电压。通过对比可以看出，$\alpha=0.5$ 时，较高的势能垒压抑低频激励的高能轨道，带有较深势能函数的尾流驰振能量收集装置具有较宽的流速范围。因此当 $\alpha=0.5$ 时的势能阱较浅，可在较宽的流速范围上实现阱间振动。

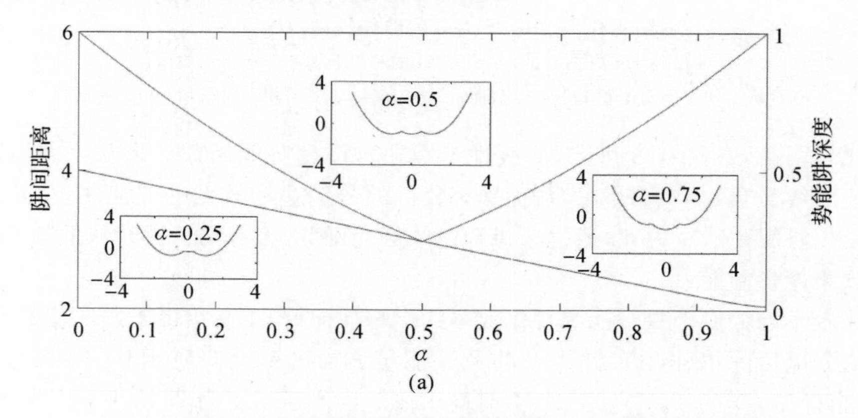

图 4.10　参数 α 变化时势能阱特性与随风速变化的瞬态响应特性

(a)势能阱深度与间距

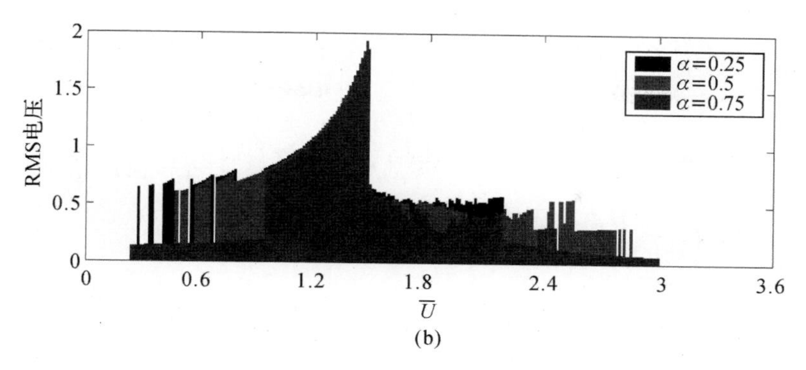

续图 4.10　参数 α 变化时势能阱特性与随风速变化的瞬态响应特性

(b)不同风速下的均方电压

4.4　结　　论

本章提出了一类非线性尾流驰振能量收集系统动力学模型，该模型具有非光滑的单稳态、双稳态以及三稳态的力学特性，通过 Melnikov 方法获得了该系统在阻尼和尾流驰振力作用下发生同宿分岔的阈值条件。数值模拟结果较好地验证了理论解析过程，系统在同宿分岔参数范围内实现了阱间振动响应。结果表明非线性刚度可以有效地拓宽系统在环境流场中的工作范围，基于 Melnikov 理论发展得到的同宿分岔预测方法为提高多稳态尾流驰振能量收集效果提供了理论参考。

第5章 基于磁耦合的单稳态驰振能量收集系统

5.1 引　　言

基于驰振的能量收集装置一般由压电梁和截面为三角形、正方形或多边形的钝体组成，这种简单的驰振结构只有在高风速环境下才能得到较高的能量收集效率。到目前为止，已经有大量的研究致力于提高驰振能量收集器的收集效率以提高对环境流场的利用率。

Abdelkefi等人提出了利用方柱钝体来获取驰振能量的概念，讨论了负载电阻和雷诺数对驰振能量收集的影响。Liu等人提出并设计了一种用于风能收集的三叶片钝体。它被固定在压电悬臂梁的自由端，由3片刚性薄叶片组成。仿真和风洞实验证实，这种三叶片结构可以获得比长方形钝体更高的能量输出。Hu等人基于互干扰的两个驰振能量收集装置，研究了不同收集装置之间的位置选择，以提供最佳的功率输出，对于大规模的阵列式能量收集装置的安放方式提供了理论指导。为了更好地利用环境能量，一些研究者提出了并行的能量收集方式，用于从不同的激励形式中获得能量。Yang等人研究了涡激振动和驰振的交互作用，通过对钝体几何形状的讨论，实现了低风速下的涡激振动和高风速下的驰振能量收集，改善了驰振能量收集装置在低风速下的性能。然而，上述对流致振动能量收集的研究主要基于线性振动理论，在低速和变速流场下很难保持较高的工作效率。

近年来，多种形式的非线性刚度被引入宽带振动能量收集装置的设计中。其中，磁一弹性耦合方案是利用非线性恢复力来增大振动振幅的一种代表性方案。Alhadidi和Daqaq设计了一种磁致非线性的双稳态能量收集装置，降低了切入风速，拓宽了尾流驰振风速范围。Li等人和Cao等人通过外置两个带有吸力的磁铁，软化了抖振能量收集装置以及涡激振动能量收集装置的刚度，分别降低了在空气和水流中收集能量的切入流速。

上述对磁力耦合驰振能量收集装置的研究工作一般采用磁极相同的磁力，即磁吸力或磁斥力。事实上，仅引入磁吸力或磁斥力往往会产生多稳态，如果风速不够高，所产生的势垒将限制悬臂梁的振动，降低输出电压。因此，为了提高输出电压和降低切入风速，本章提出了一种同时引入磁吸力和磁斥力的驰振能量收集装置。该方案不改变系统的平衡位置，但可以软化结构刚度，进而减小切入风速。这种设计的另一个优点是，它不仅可以增加振动响应，而且可以保护结构免受大挠度的影响而产生疲劳破坏，实现了对低速流体能量收集效率的提高和安全可靠性的统一。

5.2 模型建立

图 5.1 为基于磁力耦合的非线性驰振能量收集装置。它由一个带有磁铁的压电悬臂梁、一个固定在悬臂梁自由端的方型钝体和一个带有磁铁的夹具组成。不锈钢悬臂梁的尺寸为 $L_b \times w_b \times h_b = 120 \times 20 \times 0.4\ (\mathrm{mm}^3)$；方型钝头体的尺寸为 $110 \times 45 \times 45(\mathrm{mm}^3)$；3 个尺寸为 $10 \times 20 \times 3(\mathrm{mm}^3)$ 的磁铁固定在拱形夹具上；尺寸为 $L_p \times w_p \times h_p = 28 \times 14 \times 0.3\ (\mathrm{mm}^3)$ 的 MFC (MFC－2814P2，Smart Material Corp)连接在悬臂梁的固定端，将风能转化为电能。压电层的有效电容 $C_p = 47\ \mathrm{nF}$、机电耦合系数 $\theta = 6.59 \times 10^{-5}\ \mathrm{N \cdot V^{-1}}$，表示成 $\theta = -e_{31} b_p h_{pc}$。其中，$e_{31}$ 为压电耦合常数，b_p、h_{pc} 分别表示压电层的宽度和压电材料中心到复合材料中性层的距离。

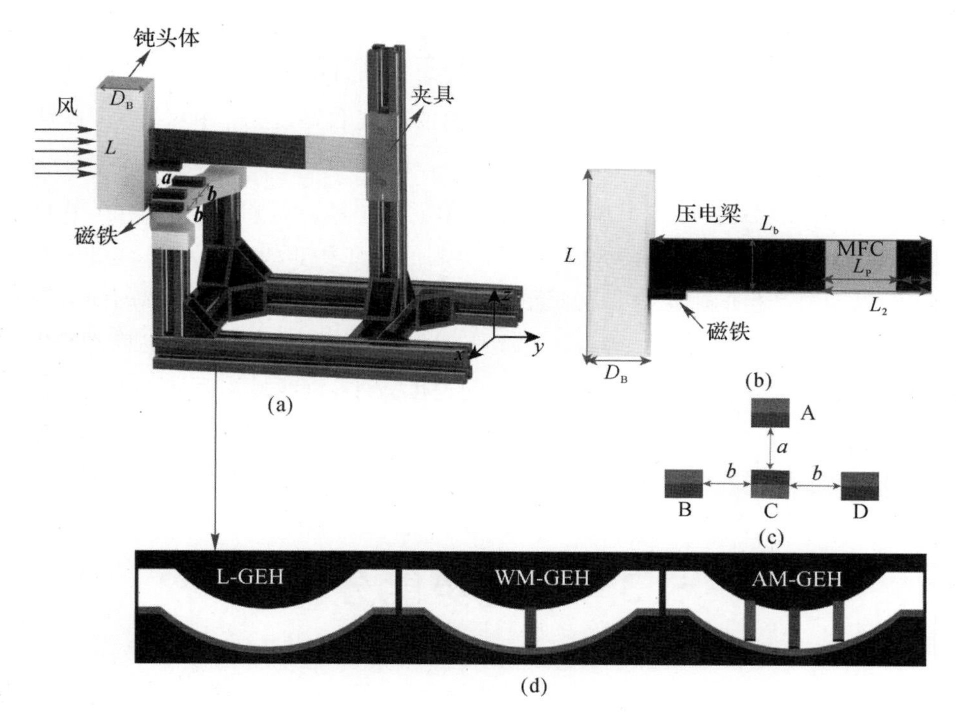

图 5.1　一种新型的单稳态驰振能量收集装置(AM－GEH)结构示意图

非线性驰振能量收集系统的电磁-气动弹性控制方程表示为

$$m\ddot{y} + c\dot{y} + (k + k_1)y + k_2 y^3 + \theta V = F_{\mathrm{galloping}} \tag{5-1}$$

$$C_P \dot{V} + \frac{V}{R} - \theta \dot{y} = 0 \tag{5-2}$$

式中："˙"表示对时间的导数；m 为钝体、磁铁、支撑结构的等效质量；c 为线性阻尼系数；k 为支撑结构刚度，k_1、k_2 为磁力耦合诱导的线性刚度和非线性刚度；R 为负载电阻；θ 为机电

耦合系数；C_P 为压电片的电容。根据单模态假设，上述参数可以表示成

$$m=\int_0^{L_b}\rho_b A_b \psi^2\,dx+\int_{L_1}^{L_p}\rho_p A_p \psi^2\,dx+M_E$$

$$c=\int_0^{L_b}c_1\psi^2\,dx+c_2 I_b\int_0^{L_b}\psi''^2\,dx$$

$$k=Y_b I_b\int_0^{L_b}\psi''^2\,dx+C_{11}^E I_p\int_{L_1}^{L_p}\psi''^2\,dx$$

$$\theta=\frac{1}{2}e_{31}\psi''(h_b+h_p)w_b$$

$$C_P=e_{33}w_b L_p/h_p$$

式中：$\rho_b A_b$ 和 $\rho_p A_p$ 分别为弹性梁和压电片的单位长度质量；$\psi(x,t)$ 为基于单模态假设的振型函数；c_1 和 c_2 为黏弹性阻尼系数；$Y_b I_b$ 和 $C_{11}^E I_p$ 分别为弹性梁和压电片的抗弯刚度。

气动力 $F_{\text{galloping}}$ 通常使用准定常假设给出：

$$F_{\text{galloping}}=\frac{1}{2}\rho U^2 LW\left[a_1\frac{\dot{y}}{U}-a_3\left(\frac{\dot{y}}{U}\right)^3\right] \tag{5-3}$$

式中：ρ、U、L、W 分别为空气密度、风速、钝体正面的高度和宽度；a_1 和 a_3 为可以从实验中识别出的空气动力系数。

根据驰振力的公式，$F_{\text{galloping}}$ 也可以表示为 A_1、A_3 相加。其中 $A_1=0.5\rho LW(a_1U\dot{y})$、$A_3=-0.5\rho LW(a_3\dot{y}^3/U)$，分别表示由驰振所引起的线性和非线性阻尼力。当风速增加到切入风速时，驰振力产生的阻尼与结构阻尼 $2m\xi\omega_n\dot{y}$ 相等，其中 ω_n 表示系统的固有频率。当风速高于产生驰振的切入风速时，驰振力起负阻尼作用，将会导致能量收集装置产生周期振动响应。由于驰振开始时，能量收集系统的振动速度较小，负线性阻尼占主导地位，振动幅值将继续增大。但当风速达到某一临界值时，非线性阻尼的作用开始占主导地位，导致系统出现稳定的周期振动响应。

5.3　系统势能分析

为了验证磁耦合非线性驰振能量收集器的优越性，设计了 3 种构型，分别为线性驰振能量收集器(L－GEH)、弱耦合单稳态驰振能量收集器(WM－GEH)和改进的单稳态驰振能量收集器(AM－GEH)。对于 L－GEH，由于只在悬臂梁的自由端固定了一个磁铁，因此不存在磁耦合力；在 WM－GEH 中，只有中间一个磁铁固定在拱形夹具上，提供磁斥力；在 AM－GEH 中，3 个磁铁安装在夹具上，中间一个提供磁斥力，另外两个提供磁吸力。

如图 5.2 所示，为了测量非线性驰振能量收集系统的恢复力，将拉力计固定在步进电机上，通过控制拉力计的采样频率和步进电机的步进量耦合，缓慢推动悬臂梁的末端以得到较为密集、准确的恢复力数据。

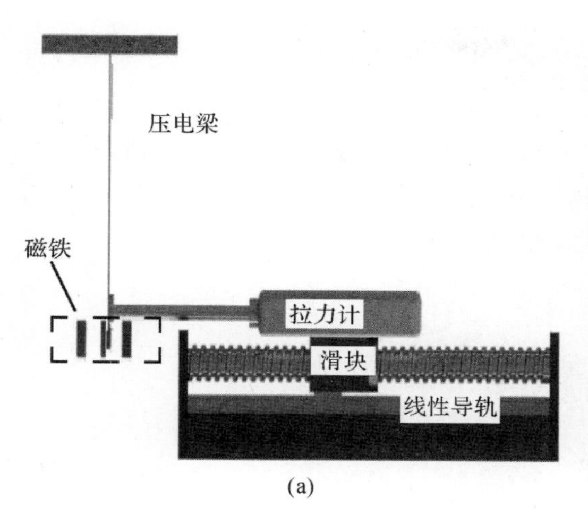

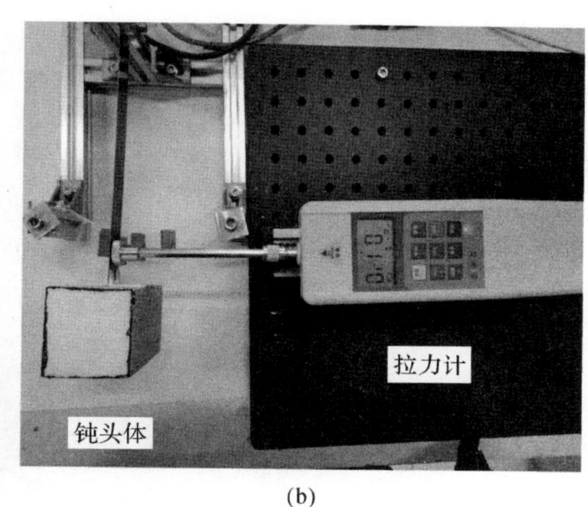

(a)　　　　　　　　(b)

图 5.2　恢复力测量实验图

(a)示意图；（b)实物演示

线性驰振能量收集器(L－GEH)、弱耦合单稳态驰振能量收集器(WM－GEH)和改进单稳态驰振能量收集器(AM－GEH)的恢复力和势能如图 5.3 所示。图 5.3(a)显示了 3 种构型的恢复力，当磁体之间的距离设为 a=20 mm，b=20 mm 时，非线性能量收集系统的刚度被 3 个磁铁所软化。如图 5.3(b)所示，非线性系统在动磁体 A 与固定磁体 B、C、D 的相互作用下产生了具有平坦势能阱的单稳态构型。与 WM－GEH 相比，在 AM－GEH 中加入两块有吸引力的磁铁有利于产生更大的位移。

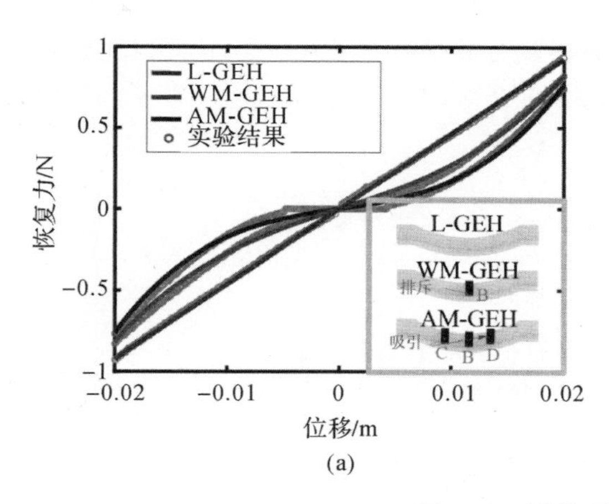

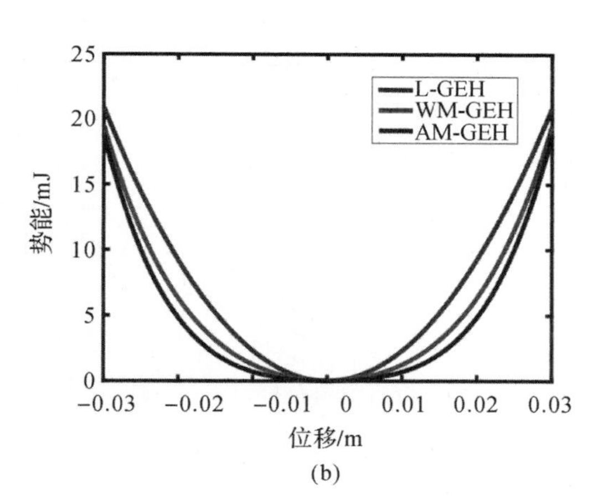

(a)　　　　　　　　(b)

图 5.3　3 种构型的恢复力和势能

(a)恢复力；（b)势能

(L－GEH：k=46.27 N/m；WM－GEH：k_1=－23.72 N/m，k_2=4.598 $\times10^4$ N/m^3，AM－GEH：k_1=－35.93 N/m，k_2=6.964 $\times10^4$ N/m^3)

5.4 实验测试及结果分析

如图 5.4 所示，在截面为 500×500 (mm^2)，低湍流度的回流式低速风洞中进行实验。钝体的位移由重复性分辨率为 300 μm 的激光位移传感器(HG-C1400，Panasonic)获得，压电片所产生的电压响应信号则直接由示波器(MDO3024，Tektronix)采集。

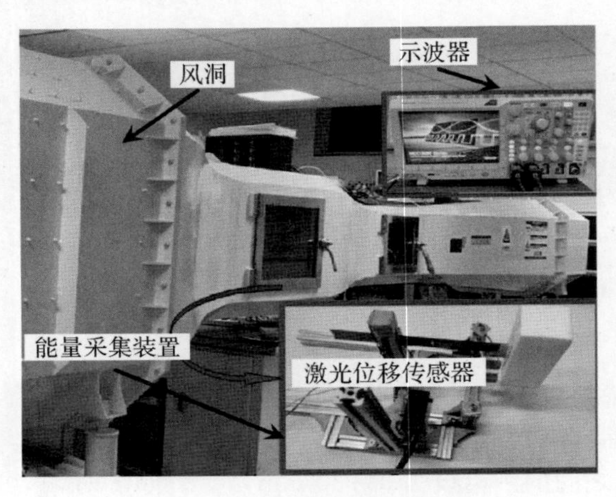

图 5.4 实验装置示意图

如图 5.5 所示，对于 3 种构型的结构阻尼，可以通过自由振动实验的衰减曲线来估计它们的阻尼比。表 5.1 为它们的固有频率和阻尼比，在非线性磁力的影响下，L-GEH 的固有频率会降低。与 L-GEH 相比，WM-GEH 和 AM-GEH 的固有频率分别降低了 3.2 Hz 和 4.8 Hz，见表 5.1。能量收集系统的阻尼比随磁耦合的增强而略有增加，但阻尼比与频率的乘积仍在减小。以上结果表明，非线性磁耦合增强系统的结构阻尼减小，导致系统的切入风速降低。

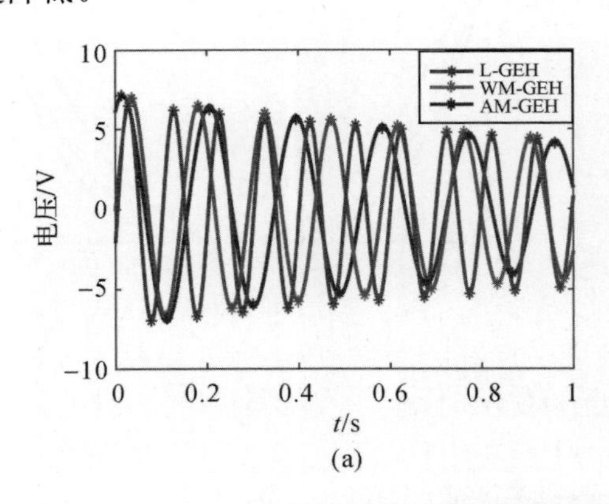

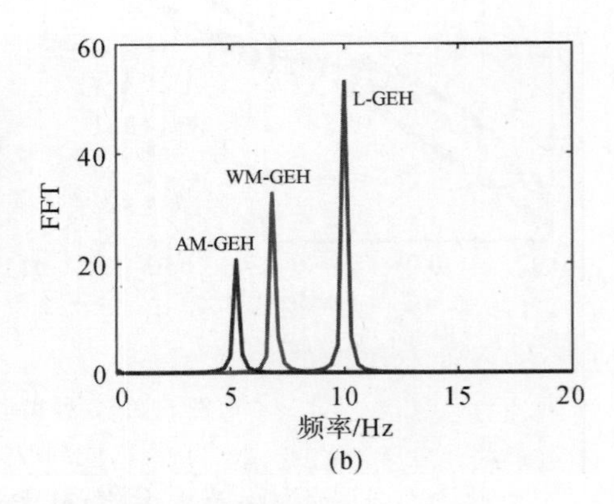

图 5.5 3 种构型的电压自由振动响应和固有频率

(a)电压自由振动响应；(b) 固有频率

表 5.1　3 种结构的固有频率和阻尼比

构型	频率/Hz	阻尼比
L - GEH	9.8	0.005 4
WM - GEH	6.6	0.006 7
AM - GEH	5	0.008 1

5.4.1　单稳态能量收集系统响应特性分析

如图 5.6 所示，为了验证引入磁力耦合能够增强驰振能量收集系统的性能，比较了 3 种构型在风速 0 ～5 m/s 变化时的均方根电压。AM - GEH 的切入风速 $U\approx1.8$ m/s，WM - GEH 和 L - GEH 的切入风速分别为 $U\approx2.2$ m/s 和 $U\approx4$ m/s。与 L - GEH 和 WM - GEH 相比，AM - GEH 的切入风速分别降低了 55％和 18.2％。3 种构型在 0 ～5 m/s 风速范围内，AM - GEH 的均方根电压均高于 WM - GEH 和 L - GEH。当风速增大到 $U=5$ m/s 时，AM - GEH 的均方根电压相比 L - GEH 和 WM - GEH 分别提高了 69.92％和 14.7％。这一结果表明，AM - GEH 结构能够从低风速中获取更多的能量，改进的磁耦合单稳态能量收集系统提高了对环境流场的利用率。

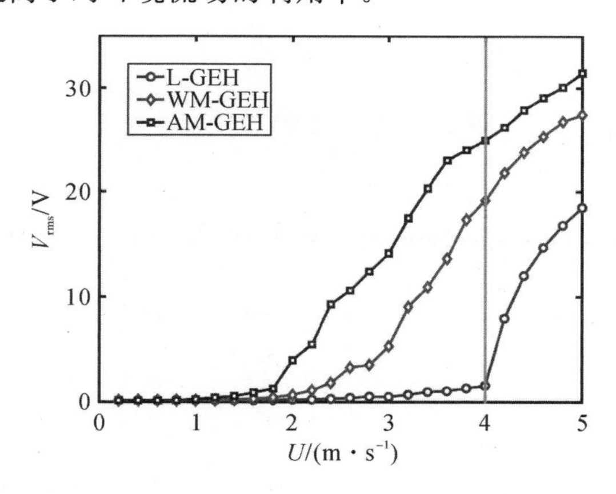

图 5.6　3 种构型的均方根电压

图 5.7～图 5.9 分别为 $U=2$ m/s、$U=4$ m/s 和 $U=5$ m/s 时能量收集系统的位移和输出电压的时域响应。如图 5.7 所示，当风速设定为 $U=2$ m/s 时，L - GEH 和 WM - GEH 的响应较小，AM - GEH 的响应较为明显，这表明 AM - GEH 的切入风速更低。如图 5.8 所示，当风速增大到 $U=4$ m/s 时，L - GEH 响应幅值较小，最大峰值电压相对较低。然而 WM - GEH 和 AM - GEH 的响应幅值相对较大，这表明通过引入磁力耦合能够明显提高驰振能量收集装置的性能。如图 5.9 所示，当风速增大到 $U=5$ m/s 时，3 个系统的响应幅值均增大；3 个系统的相图均表现为大幅振动响应；在开路时，AM - GEH 的峰值电压达到约 100 V，而 L - GEH 的峰值电压仅约为 50 V。

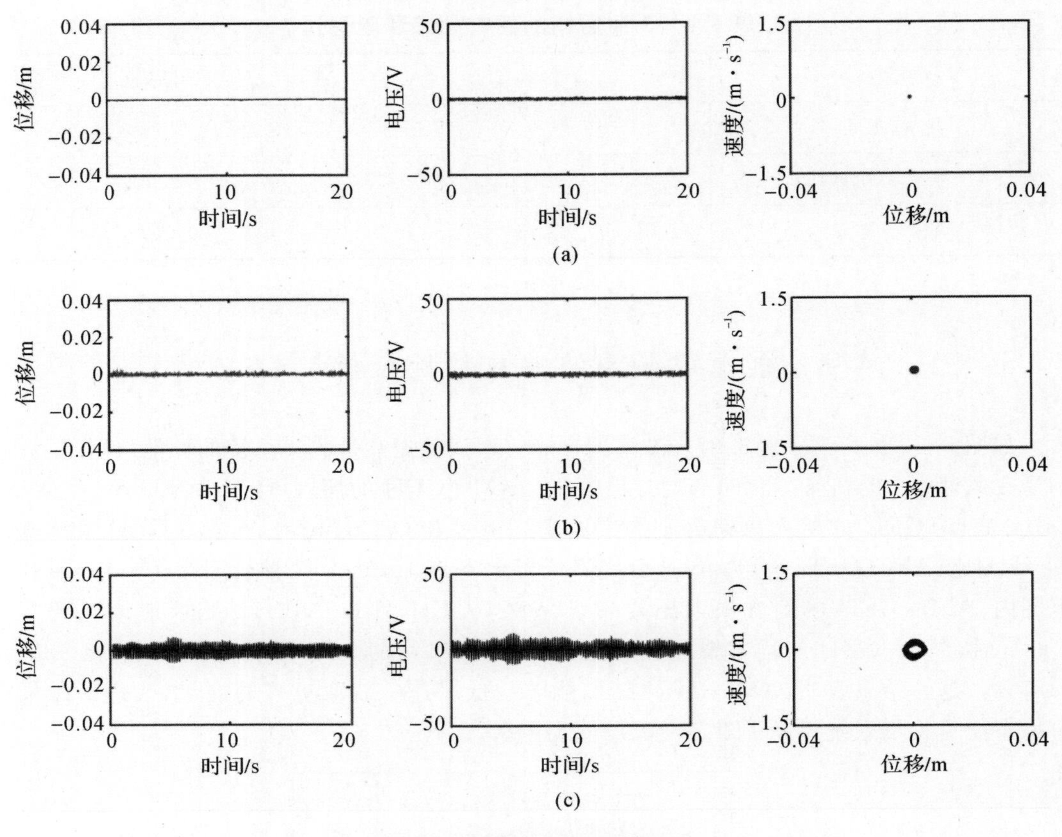

图 5.7　顶端位移、电压和相图

(a) L-GEH；(b) WM-GEH；(c) AM-GEH(U=2 m/s)

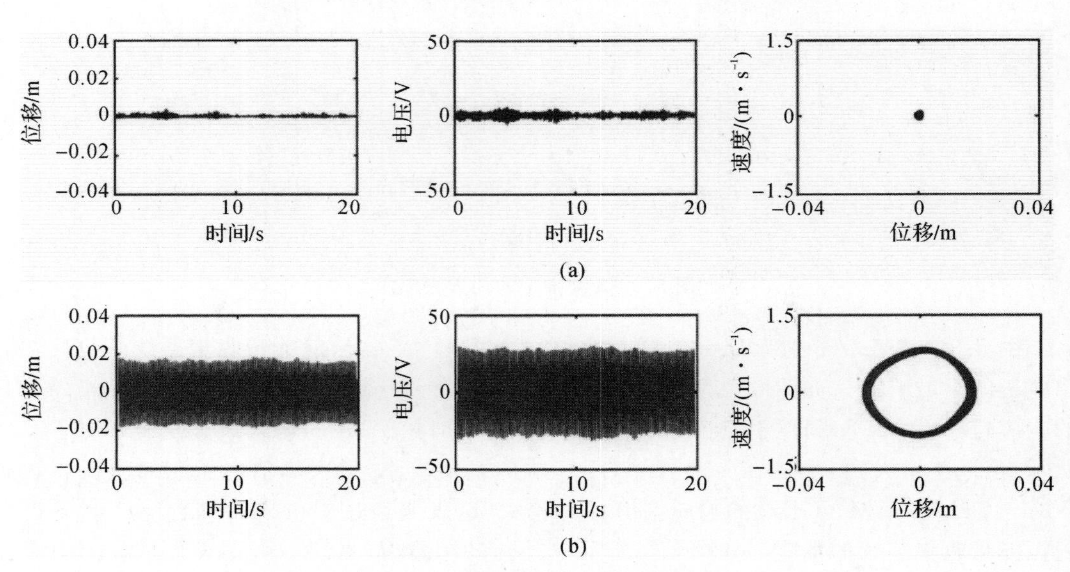

图 5.8　顶端位移、电压和相图

(a)L-GEH；(b)WM-GEH

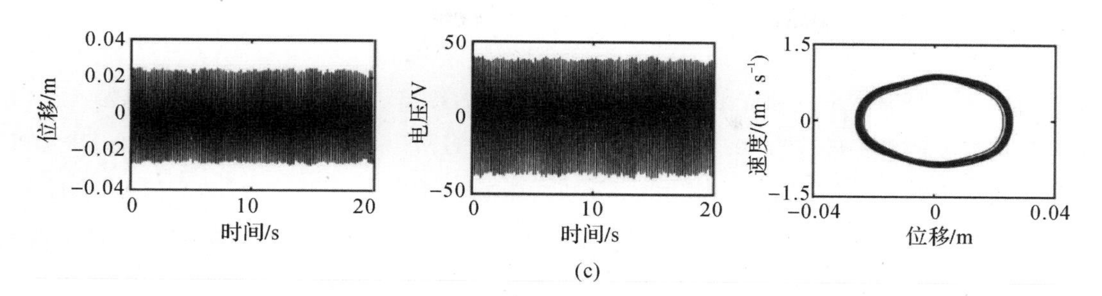

(c)

续图 5.8　顶端位移、电压和相图

(c) AM - GEH(U=4 m/s)

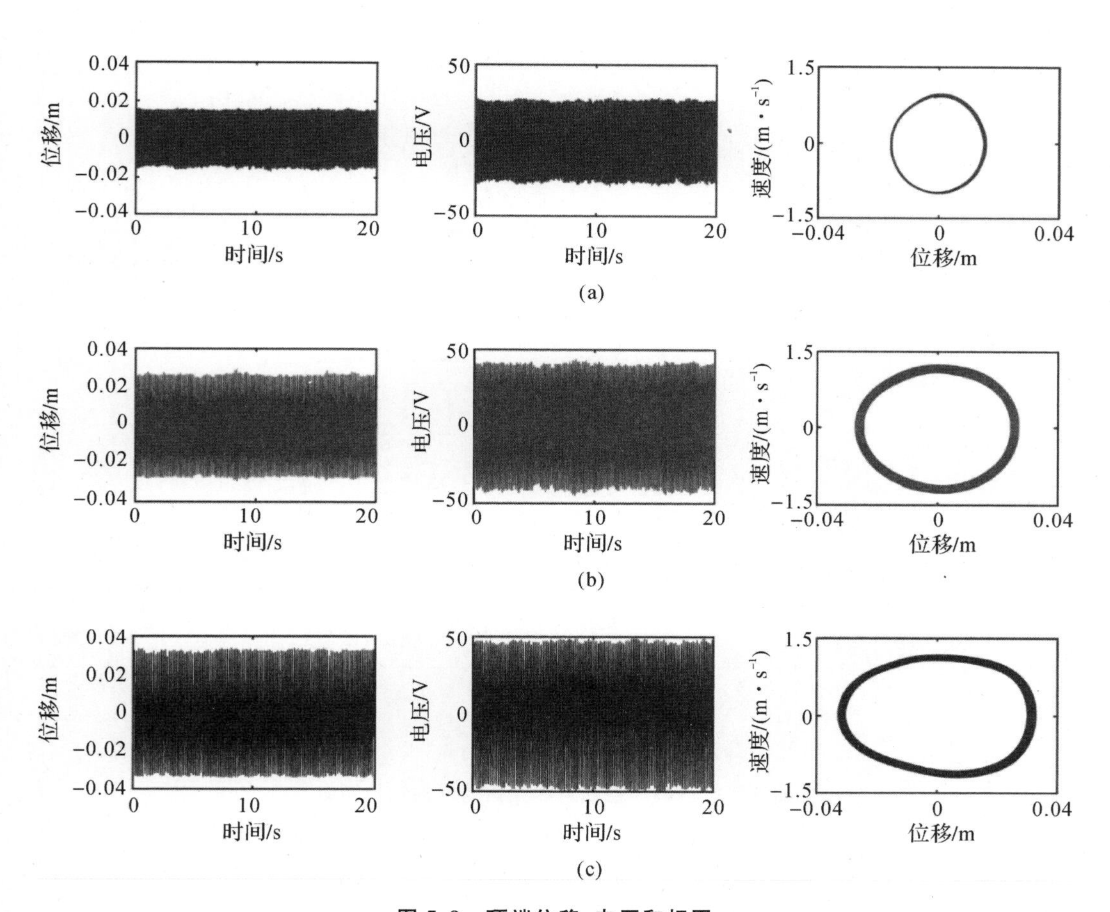

(c)

图 5.9　顶端位移、电压和相图

(a) L - GEH；(b) WM - GEH；(c) AM - GEH(U=5 m/s)

5.4.2 负载电阻对输出功率影响分析

为了揭示风速对系统响应的影响规律，图 5.10(a)给出了 3～5 m/s 风速范围内 3 种构型随风速变化的驰振响应频率。当U=3 m/s 时，L-GEH 的驰振频率约为 9.8 Hz，其后随风速的增大而减小。当风速增加到 5 m/s 时，驰振频率降低了 3.74%。WM-GEH 和 AM-GEH 的驰振频率相对较低，且随风速的增大呈上升趋势。当风速增大到 5 m/s 时，WM-GEH 和 AM-GEH 的驰振频率分别增大了 10.31%和 24.22%。图 5.10 (b)(c)(d)分别为当U=3.8 m/s、U=4.4 m/s、U=5 m/s 时，3 种构型电压响应的频谱图。从频谱图可以看出，AM-GEH 在低频范围的响应优于 L-GEH 和 WM-GEH。

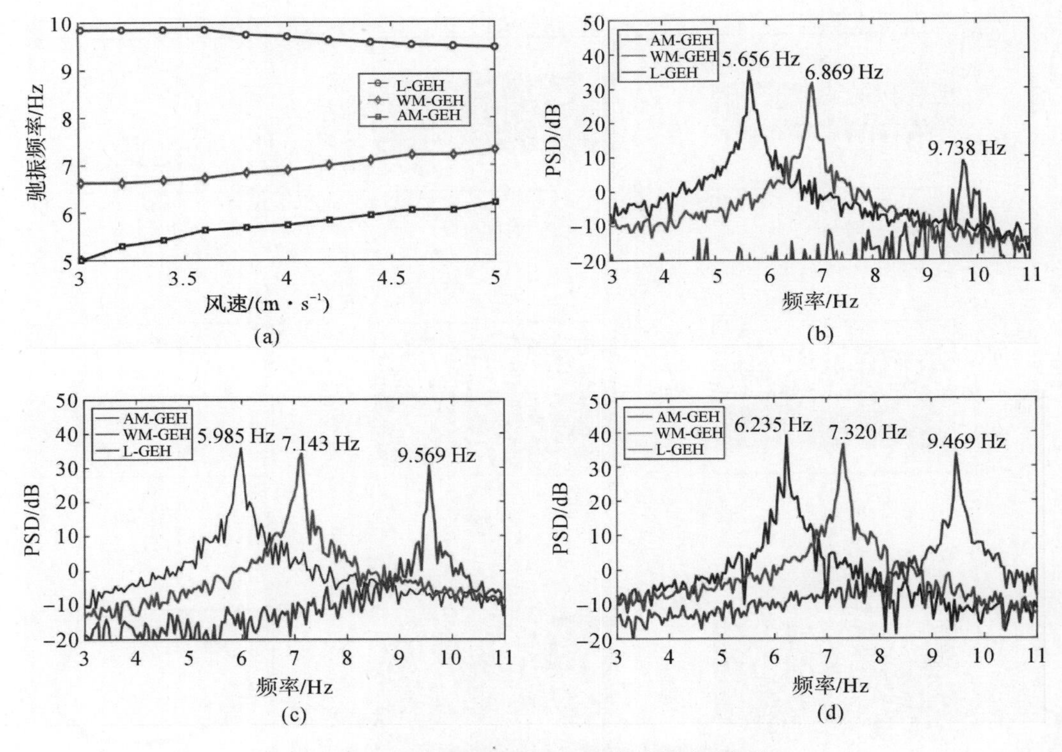

图 5.10 3 种构型随风速变化的驰振响应频率

(a) 随风速的变化的驰振频率；(b) U=3.8 m/s 时电压的功率谱；

(c) U=4.4 m/s 时电压的功率谱；(d) U=5 m/s 时电压的功率谱

图 5.11(a)(b)(c)分别为 L-GEH、WM-GEH、AM-GEH 在 4 种不同的负载电阻下产生电压的时间历程。很明显，这 3 种构型产生的峰值电压随着电阻的增加而增加。压电材料的匹配电阻与驰振的频率 ω_g 和电容 C_p有关，表示为 $R^{opt}=1/(\omega_g C_p)$。为了研究负载电阻的影响，图 5.11(d)给出了 3 种构型在U=5 m/s 条件下，使用一个电阻箱与压电片并

联以改变负载电阻 R 所得到的输出功率随负载电阻的变化趋势。拟合实验数据得到实线，曲线最大值与匹配电阻相对应。$U=5$ m/s 时的 L－GEH、WM－GEH 和 AM－GEH 的驰振耦合频率分别为 9.4 Hz、7.3 Hz 和 6.2 Hz。匹配电阻与频率成反比，L－GEH、WM－GEH 和AM－GEH 的匹配电阻分别为 300 kΩ、328 kΩ 和 360 kΩ。

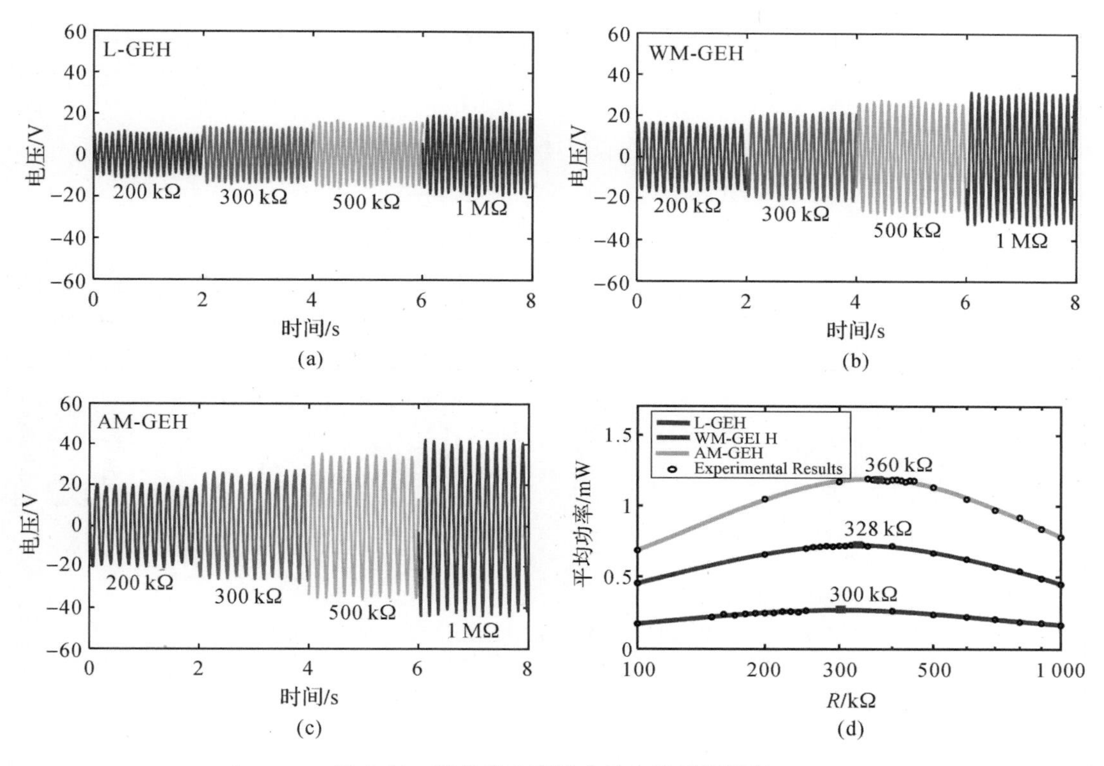

图 5.11　随负载电阻增大的电压时间历程

(a) L－GEH；(b) WM－GEH；(c) AM－GEH；

(d) L－GEH、WM－GEH、AM－GEH 的负载电阻和平均功率（风速为 $U=5$ m/s）

图 5.12(a)(b)分别给出了 $U=3$ m/s 和 $U=5$ m/s 时的匹配电阻。$U=3$ m/s 时的匹配电阻为 528 kΩ，$U=5$ m/s 时的匹配电阻为 360 kΩ。其中，匹配电阻的差异主要由于当风速从 3 m/s 增加到 5 m/s 时，驰振频率也相应增加。如图 5.12(c)(d)所示，分别选取 200 kΩ、300 kΩ、360 kΩ、500 kΩ、530 kΩ 和 1 000 kΩ 的负载电阻进行时域分析。通过比较风速 $U=3$ m/s 和风速 $U=5$ m/s 条件下功率的时间历程，可以清楚地看出负载电阻对输出功率的影响。$U=3$ m/s 的最大功率出现在 530 kΩ 时，$U=5$ m/s 的最大功率出现在 360 kΩ 时。当 $U=5$ m/s 时，匹配电阻下的最大功率可达 1.25 mW，可为便携式微型电子设备供电。

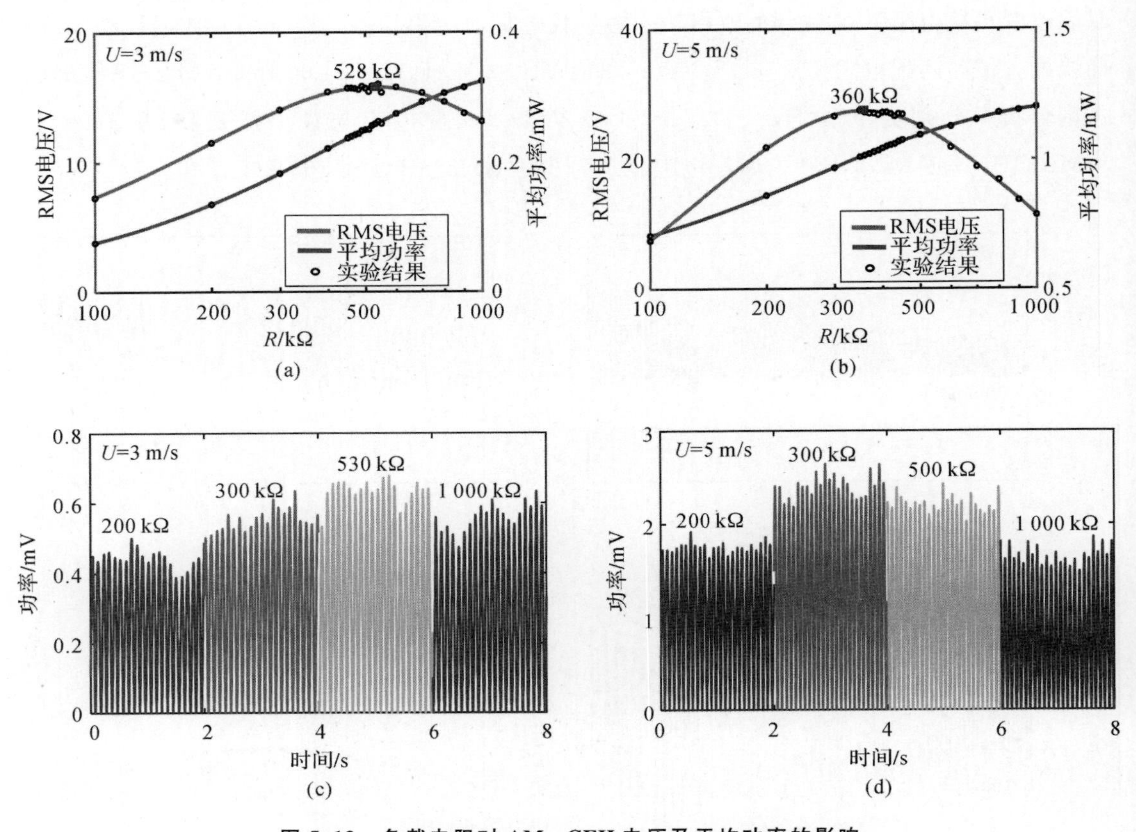

图 5.12 负载电阻对 AM - GEH 电压及平均功率的影响

(a) U=3 m/s; (b)U=5 m/s; (c)U=3 m/s; (d)U=5 m/s

5.4.3 能量收集器应用

在实际应用中，采用桥式电路对输出电流进行整流。图 5.13(a)为对电输出进行整流的交直流转换电路，其中 Cr 为用于存储电能的 480 μF 的电容，R_L 为电器的电阻。如图 5.13(b)所示，为了进一步讨论磁力耦合对驰振能量收集装置性能的提升，对 44 个 LED 灯进行点亮实验。可以发现，当U=4 m/s 时，L - GEH 不能点亮任何 LED 灯，WM - GEH 可以使 44 个 LED 灯发出较为微弱的光，而 AM - GEH 可以将 44 个 LED 灯全部点亮。结果表明，与传统的驰振能量收集装置相比，通过引入磁吸力和磁斥力可以提高能量收集装置的性能。由于能量收集系统通常输出交流电，因此有必要使用 AC - DC 电路将其转换为直流电。如图 5.13 (c)所示，3 种能量收集装置都将收集到的能量向一个 480 μF 的电容充电，并将该电容连接在温度传感器上，可以看出，AM - GEH 在较短的时间达到额定电压并且可以使温度传感器稳定工作，而 WM - GEH 和 L - GEH 未能使传感器达到额定功率，从而不能稳定工作。

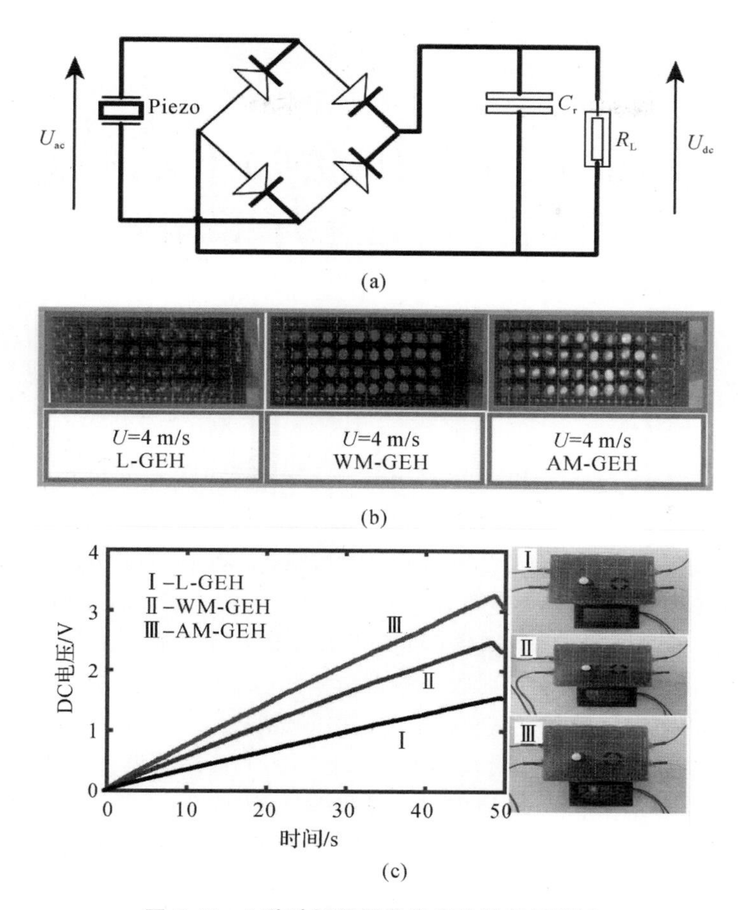

图 5.13　3 种驰振能量收集系统的应用测试

(a)3 种驰振能量收集装置点亮 44 个 LED 的亮度；（b)自供电温度传感器系统；（c）充电曲线以及温度湿度传感器工作状况

5.5　结　　论

本章提出了一种改进的单稳态驰振能量收集系统(AM－GEH)，通过引入磁吸力和磁斥力来提高对风能的收集效率。通过实验研究，验证了该系统在低风速作用下能够产生大幅度的动力响应和电压响应。通过考虑磁耦合非线性，可以降低驰振能量收集系统的固有频率和阻尼。与 L－GEH 和 WM－GEH 相比，在风速为 5 m/s 时，AM－GEH 的切入风速分别降低了 2.2 m/s 和 0.4 m/s，均方根电压分别提高了 48.11%和 69.92%。从频率响应上看，磁力耦合系统的驰振频率随风速的增大而增大，而 L－GEH 的驰振频率随风速的增大而减小。此外，通过比较平均功率与负载电阻之间的关系，可知磁力耦合驰振能量收集系统的匹配电阻会随着耦合强度的增加而增大；同等磁耦合条件下的匹配电阻会随着风速的增大而减小。本章内容可为驰振式风能收集装置的设计与改进提供参考。

第6章 驰振和基础激励下双稳态能量收集系统的非线性动力学和收集性能

6.1 引　　言

在现实环境中，往往不同的激励（例如振动和风）同时存在，而且许多系统（如桥梁、移动的车辆、飞行的飞机等）工作于基础激励和风激励同时存在的复杂环境下。因此，在实际应用中，能量收集系统考虑两种激励的影响，具备同时收集振动能量和风能的能力，将会极大地提高能量收集效率。目前，研究人员针对同时收集振动能量和风能的复合式能量收集系统开展了大量的研究，通过分析和仿真，揭示了基础激励和驰振能量收集效率之间的关系。颜志淼等人提出了一种复合式能量收集装置来收集基础振动和驰振的能量。结果表明，当激励频率和能量收集装置的固有频率差别很大时，响应中包含复频率分量。Bibo 等提出了无量纲集中参数模型，采用多尺度方法研究了基础激励水平、激励频率和风速对能量收集功率的影响。

到目前为止，大多数经典的能量收集器都采用了线性振动机制。因此，它们只能在共振频率附近有效地工作。当激励频率偏离固有频率时，响应幅值将显著减小。因此，磁耦合引起的非线性被有意地引入基于驰振的能量收集器的设计中，以扩展其工作带宽。Yang 等人研究了双梁压电振驰能量收集器的性能，发现引入磁斥非线性后，发生振驰的临界风速可降低 41.9%。Wang 等人研究了基于驰振的能量收集器的非线性动力学行为，发现在低、中、高风速范围内存在阱内振动响应、混沌和阱间振动响应。悉尼科技大学的 Zhao 等人将碰撞和磁斥力双稳态引入驰振能量收集装置的设计中，拓宽了复合式能量收集装置的有效带宽。然而，对于混合激励下能量收集的研究，很少有研究人员关注其内在机理与动力学特性的定性和定量分析。

本章从理论和实验两方面研究了双稳态压电能量收集装置在基础激励和风载作用下的非线性动力学和能量收集特性，有助于结构在实际环境中获得振动能量和风能。

6.2 模型与设计

如图 6.1 所示，双稳态能量收集系统是由长度为 L 的钢和压电层组成，压电层具有长度 L_p、宽度 w_p、厚度 h_p、机电耦合系数 e_{31} 和介电常数 e_{33} 等特征。该矩形纤维复合材料

(MFC)与电阻 R 的电路连接。永磁铁(NdFeB)A 粘贴在梁的顶部,并允许其在固定在 T 形夹具上的两个固定 NdFeB 磁铁 B 和 C 附近振动。在悬臂梁的自由端固定一个质量为 M_{E} 的半圆柱钝体。能量收集装置是由基础运动 $y(t)$和由驰振力的复合激励共同作用的。空气动力学模型是基于准稳态假设建立的,因此驰振气动力表示成

$$F_{\text{galloping}}=\frac{1}{2}\rho_{\mathrm{a}}DL_{\mathrm{D}}U^{2}\sum_{i=1}^{3}a_{i}\left(\frac{\dot{w}+\dot{y}}{U}\right)^{i} \tag{6-1}$$

式中:ρ_{a} 为空气密度;D 为钝体直径;L_{D} 为钝体长度;U 为风速;a_i 为横流方向的气动力和迎角切线通过多项式拟合可确定的经验系数;w 为横向位移;“˙”为对时间 t 求导。

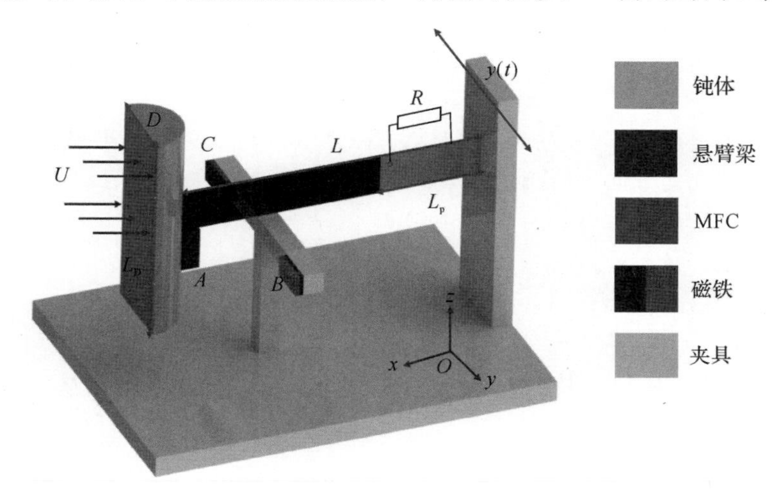

图 6.1 驰振和基础激励下的双稳态能量收集器

双稳态能量收集系统总的动能和势能可以表示为

$$T=\frac{1}{2}\left[\int_{0}^{L}m_{\mathrm{b}}\ (\dot{w}+\dot{y})^{2}\mathrm{d}x+\int_{0}^{L_{\mathrm{p}}}m_{\mathrm{p}}\ (\dot{w}+\dot{y})^{2}\mathrm{d}x\right]+\frac{1}{2}M_{\mathrm{E}}\ (w_{x=L}+\dot{y})^{2} \tag{6-2}$$

$$\begin{aligned}U&=U_{\mathrm{bp}}+U_{\mathrm{M}}\\&=\frac{1}{2}Y_{\mathrm{b}}I_{\mathrm{b}}\int_{0}^{L}w''^{2}\mathrm{d}x+C_{11}^{\mathrm{E}}I_{\mathrm{p}}\int_{0}^{L_{\mathrm{p}}}w''^{2}\mathrm{d}x-\frac{1}{2}e_{31}V(h_{\mathrm{b}}+h_{\mathrm{p}})w_{\mathrm{p}}w'_{x=L_{\mathrm{p}}}-\frac{1}{2}C_{\mathrm{P}}V^{2}+U_{\mathrm{M}}\end{aligned} \tag{6-3}$$

式中:m_{b} 和 m_{p} 分别为钢梁单位长度的质量和压电片单位长度的质量;U_{bp} 和 U_{M} 分别表示压电梁的势能和磁力引起的势能;$Y_{\mathrm{b}}I_{\mathrm{b}}$ 和 $C_{11}^{\mathrm{E}}I_{\mathrm{p}}$ 分别表示梁的弯曲刚度和压电片的弯曲刚度;Y_{b} 和 I_{b} 分别为钢梁的杨氏模量和惯性矩;C_{11}^{E} 和 I_{p} 分别为压电片的杨氏模量和惯性矩;“′”表示对 x 求导;h_{b} 为梁的厚度。$C_{\mathrm{p}}=e_{33}w_{\mathrm{p}}L_{\mathrm{p}}/h_{\mathrm{p}}$ 是压电片的电容;$V(t)$ 是压电层产生的电压。

如图 6.2(a)所示,忽略形状和体积的影响,结构中的永磁体可以被建模为磁偶极子。磁体 B 与磁体 C 之间的距离为 $2a$,磁体 A 与磁体 B 与磁体 C 的支座之间的距离为 d。利用梁的不可延伸条件,通过公式 $u_1=\frac{1}{2}\int_{0}^{L}(w')^{2}\mathrm{d}x$ 将纵向位移与横向位移 w 联系起来。

磁矩矢量 $\boldsymbol{\mu}$ 的大小与磁体的体积 V_{m} 成正比 $|\boldsymbol{\mu}_j|=M_jV_{mj}(j=\mathrm{A,B,C})$。基于正交

分解，磁偶极矩矢量可表示为

$$\boldsymbol{\mu}_{\mathrm{A}} = -M_{\mathrm{A}}V_{m\mathrm{A}}\sin\theta\,\boldsymbol{e}_x + M_{\mathrm{A}}V_{m\mathrm{A}}\cos\theta\,\boldsymbol{e}_y \tag{6-4a}$$

$$\boldsymbol{\mu}_{\mathrm{B}} = -M_{\mathrm{B}}V_{m\mathrm{B}}\,\boldsymbol{e}_x \tag{6-4b}$$

$$\boldsymbol{\mu}_{\mathrm{C}} = M_{\mathrm{C}}V_{m\mathrm{C}}\,\boldsymbol{e}_x \tag{6-4c}$$

式中：$M_j(j=\mathrm{A,B,C})$ 为铁磁材料所有微观磁矩合成矢量的模量；$V_{mj}(j=\mathrm{A,B,C})$ 为磁体体积；$\boldsymbol{e}_x$ 和 $\boldsymbol{e}_y$ 分别表示 x 和 y 方向上的单位向量。旋转角度 θ 可根据近似关系 $\theta \approx \arctan\left(\frac{\partial w}{\partial x}\right)$ 求得。

偶极子 B 和 C 作用在偶极子 A 上的磁场可以表示为

$$\boldsymbol{B}_{\mathrm{BA}} = -\frac{\mu_0}{4\pi}\nabla\frac{\boldsymbol{\mu}_{\mathrm{B}}\cdot\boldsymbol{r}_{\mathrm{BA}}}{|\boldsymbol{r}_{\mathrm{BA}}|_2^3},\ \boldsymbol{B}_{\mathrm{CA}} = -\frac{\mu_0}{4\pi}\nabla\frac{\boldsymbol{\mu}_{\mathrm{C}}\cdot\boldsymbol{r}_{\mathrm{CA}}}{|\boldsymbol{r}_{\mathrm{CA}}|_2^3} \tag{6-5}$$

式中：$\mu_0 = 4\pi\times10^{-7}\ \mathrm{H\cdot m^{-1}}$，为磁导率常数；$|\cdot|_2$ 和 ∇ 分别为欧几里得(Euclid)范数和向量梯度算子。根据几何方向，固定磁体 B、C 到顶端磁体 A 的矢量可表示为

$$\boldsymbol{r}_{\mathrm{BA}} = (d-u_1)\,\boldsymbol{e}_x - (a-w)\,\boldsymbol{e}_y \tag{6-6a}$$

$$\boldsymbol{r}_{\mathrm{CA}} = (d-u_1)\,\boldsymbol{e}_x + (a+w)\,\boldsymbol{e}_y \tag{6-6b}$$

磁场的势能可由下式计算：

$$\begin{aligned} U_{\mathrm{M}} &= -\boldsymbol{\mu}_{\mathrm{A}}\boldsymbol{B}_{\mathrm{BA}} - \boldsymbol{\mu}_{\mathrm{A}}\boldsymbol{B}_{\mathrm{CA}} \\ &= \frac{\mu_0}{4\pi}\boldsymbol{\mu}_{\mathrm{A}}\left\{\left[\frac{\boldsymbol{\mu}_{\mathrm{B}}}{|\boldsymbol{r}_{\mathrm{BA}}|_2^3} - \frac{3(\boldsymbol{\mu}_{\mathrm{B}}\cdot\boldsymbol{r}_{\mathrm{BA}})\boldsymbol{r}_{\mathrm{BA}}}{|\boldsymbol{r}_{\mathrm{BA}}|_2^5}\right] + \left[\frac{\boldsymbol{\mu}_{\mathrm{C}}}{|\boldsymbol{r}_{\mathrm{CA}}|_2^3} - \frac{3(\boldsymbol{\mu}_{\mathrm{C}}\cdot\boldsymbol{r}_{\mathrm{CA}})\boldsymbol{r}_{\mathrm{CA}}}{|\boldsymbol{r}_{\mathrm{CA}}|_2^5}\right]\right\} \end{aligned} \tag{6-7}$$

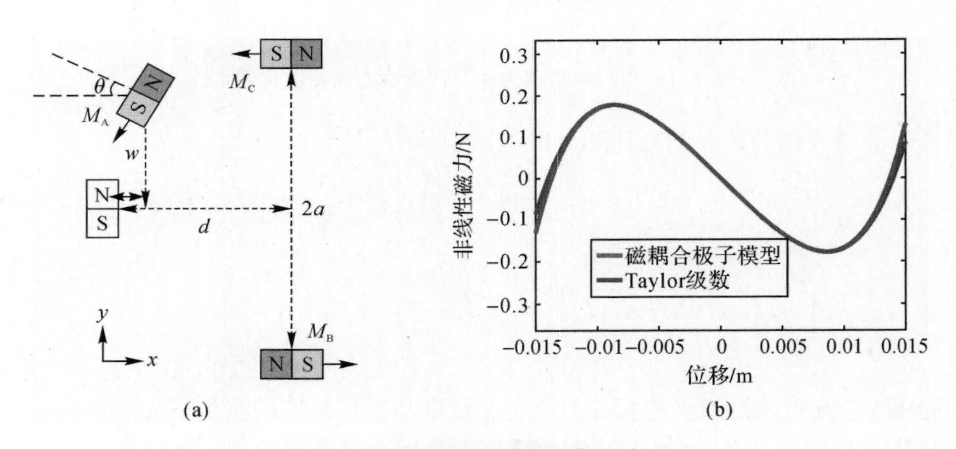

图 6.2 双稳态磁偶极子与磁力

(a)磁偶极子的几何形状； (b)非线性磁力

对于具有末端质量的悬臂梁，第一阶振型的响应占主导地位。因此，横向位移可近似为

$$w = q\psi(x) \tag{6-8}$$

式中：q 为广义时变模态坐标；ψ 为梁的第一阶模态振型。考虑到边界条件，可以表示为 $\psi(x) = 1-\cos\left(\frac{\pi x}{2L}\right)$。

采用欧拉-拉格朗日方程来推导系统的动力学方程，其一般形式如下：

$$\left.\begin{aligned}\frac{\mathrm{d}}{\mathrm{d}t}\left(\frac{\partial L}{\partial \dot{q}}\right)-\frac{\partial L}{\partial q}=F_{\mathrm{nc}}\\\frac{\mathrm{d}}{\mathrm{d}t}\left(\frac{\partial L}{\partial \dot{V}}\right)-\frac{\partial L}{\partial V}=Q\end{aligned}\right\}\tag{6-9}$$

式中：$L=T-U_{\mathrm{M}}-U_{\mathrm{bp}}$，为拉格朗日量；$F_{\mathrm{nc}}$为非保守力，包括驰振激励 $F_{\mathrm{galloping}}$ 和阻尼力 $2M\xi\omega_1$ 两部分，其中 M 为模态质量，ξ 为等效阻尼比，ω_1 为固有频率；Q 为压电层的电荷，它的时间变化率为通过电阻负载 R 的电流，即 $\dot{Q}=V/R$。

因此，受驰振和基础激励共同作用的双稳态压电能量收集系统的非线性动力学方程呈现如下形式：

$$\left.\begin{aligned}&M\ddot{q}+2M\xi\omega_1\dot{q}+Kq+F_m-\theta V=-N\ddot{y}+\frac{1}{2}\rho_a DL_D U^2\sum_{i=1}^{3}a_i\left(\frac{\dot{q}+\dot{y}}{U}\right)^i\\&\frac{1}{2}C_{\mathrm{p}}\dot{V}+\frac{V}{R}+\theta\dot{q}=0\end{aligned}\right\}\tag{6-10}$$

式中：K 为等效刚度；F_{m} 为非线性磁力，可由磁势 U_{M} 对 x 求导得到，即 $\partial U_M/\partial x$；θ 为等效机电耦合系数；N 表示基础激励引起的总力系数。这些系数可由以下公式给出：

$$M=m_{\mathrm{b}}\int_0^L[\psi(x)]^2\mathrm{d}x+m_{\mathrm{p}}\int_0^{L_{\mathrm{p}}}[\psi(x)]^2\mathrm{d}x+M_{\mathrm{E}}[\psi(x)|_{x=L}]^2$$

$$K=Y_{\mathrm{b}}I_{\mathrm{b}}\int_0^L[\psi(x)'']^2\mathrm{d}x+2C_{11}^{\mathrm{E}}I_{\mathrm{p}}\int_0^{L_{\mathrm{p}}}[\psi(x)'']^2\mathrm{d}x$$

$$\theta=\frac{1}{2}w_{\mathrm{p}}e_{31}(h_{\mathrm{b}}+h_{\mathrm{p}})\psi(x)'|_{x=L_{\mathrm{p}}}$$

$$N=\rho_{\mathrm{b}}A_{\mathrm{b}}\int_0^L\psi(x)\mathrm{d}x+\rho_{\mathrm{p}}A_{\mathrm{p}}\int_0^{L_{\mathrm{p}}}\psi(x)\mathrm{d}x+M_{\mathrm{E}}\psi(x)|_{x=L}$$

磁力可近似为以下泰勒级数：

$$F_{\mathrm{m}}=K_1q+K_2q^3+K_3q^5+O(q^7)\tag{6-11}$$

为了证明方程(6-11)的准确性，将磁偶极子模型得到的非线性磁力与Taylor级数得到的非线性磁力进行比较。由图6.2(b)可以看出，式(6-11)在参数为 $K_1=-26.1$，$K_2=4.0\times10^3$，$K_3=1.6\times10^8$ 的情况下可以达到很高的精度。因此，控制方程可以写为

$$\left.\begin{aligned}&M\ddot{q}+2M\xi\omega_1\dot{q}+(K+K_1)q+K_2q^3+K_3q^3-\theta V=-N\ddot{y}+\frac{1}{2}\rho_a DL_D U^2\sum_{i=1}^{3}a_i\left(\frac{\dot{q}+\dot{y}}{U}\right)^i\\&\frac{1}{2}C_{\mathrm{p}}\dot{V}+\frac{V}{R}+\theta\dot{q}=0\end{aligned}\right\}\tag{6-12}$$

6.3 谐波平衡法分析

谐波平衡法(HBM)已被证明是一种非线性动力系统稳态分析中有效的定性分析方法[82]。为了得到驰振和基础激励同时作用下的稳态响应，采用HBM求解动力学方程，并在假定响应为阱间振动周期响应的情况下推导稳态解。为了清晰表示各项参数，将式(6-

12)中的机电耦合项表示为

$$-\theta V = C_e\dot{q} + K_e q \tag{6-13}$$

式中：C_e 和 K_e 分别为通过机电耦合得到的等效阻尼系数和刚度系数。可以用下式[82]表示：

$$\left.\begin{aligned} C_e &= \frac{4R\theta^2}{C_p{}^2R^2\omega^2+4} \\ K_e &= \frac{2\theta^2C_pR^2\omega^2}{C_p{}^2R^2\omega^2+4} \end{aligned}\right\} \tag{6-14}$$

式中：ω 为响应频率。

由于驰振和基础激励所引发的响应具有不同的特性，分别对应不同的解，位移和电压的机械和电气总响应可分为两部分，即

$$\left.\begin{aligned} q &= q_g + q_z \\ V &= V_g + V_z \end{aligned}\right\} \tag{6-15}$$

将式(6-15)代入振动控制方程式(6-12)中，有

$$\begin{aligned} &M\ddot{q}_z + (2M\xi\omega_1 + C_{ez})\dot{q}_z + (K + K_{ez} + K_1)q_z + K_2q_z{}^3 + K_3q_z{}^5 = -N\ddot{y} + \\ &\frac{1}{2}\rho_a A_a U^2\left(a_1\frac{\dot{q}_z}{U} + a_3\frac{\dot{q}_z{}^3}{U^3}\right) \end{aligned} \tag{6-16a}$$

$$\begin{aligned} &M\ddot{q}_g + (2M\xi\omega_1 + C_{eg})\dot{q}_g + (K + K_{eg} + K_1)q_g + K_2(q_g{}^3 + 3q_g{}^2q_z + 3q_gq_z{}^2) + K_3 \\ &(q_g{}^5 + 5q_g{}^4q_z + 10q_g{}^2q_z{}^3 + 10q_g{}^2q_z{}^3 + 5q_gq_z{}^4) \\ &= \frac{1}{2}\rho_a A_a U^2\left(a_1\frac{\dot{q}_g}{U} + a_3\frac{\dot{q}_g{}^3 + 3\dot{q}_g{}^2\dot{q}_z + 3\dot{q}_g\dot{q}_z{}^2}{U^3}\right) \end{aligned} \tag{6-16b}$$

式中：C_{ez} 和 K_{ez} 分别为基础激励电响应对应的等效机电阻尼系数和刚度系数；C_{eg} 和 K_{eg} 分别为驰振电响应对应的等效机电阻尼系数和刚度系数。

为了求解方程(6-16)，考虑基础激励为谐波形式如 $y = A_b\cos(\omega_b t)$，其中，A_b 和 ω_b 分别为基础激励的幅值和频率。

系统的稳态响应可以假设为

$$q_z = \beta_1\sin(\omega_b t) + \beta_2\cos(\omega_b t) \tag{6-17a}$$

$$q_g = \alpha_1\sin(\omega_g t) + \alpha_2\cos(\omega_g t) \tag{6-17b}$$

其中，ω_b 和 ω_g 分别为基础激励和驰振的频率。

将式(6-17a)代入式(6-16a)，平衡 $\sin(\omega_b t)$ 和 $\cos(\omega_b t)$ 的系数，忽略时间导数项，可得：

$$\begin{aligned} &\left(K + K_{ez} + K_1 + \frac{3}{4}K_2\beta^2 + \frac{5}{8}K_3\beta^4 - M\omega_b{}^2\right)\beta_2 \\ &+\left[2M\xi\omega_1 + C_{ez} - \frac{1}{2}\rho_a A_a U^2\left(\frac{a_1}{U} + \frac{3a_3}{4U^3}\beta^2\omega_b{}^2\right)\right]\beta_1\omega_b = -NA_b \end{aligned} \tag{6-18a}$$

$$\begin{aligned} &\left(K + K_{ez} + K_1 + \frac{3}{4}K_2\beta^2 + \frac{5}{8}K_3\beta^4 - M\omega_b{}^2\right)\beta_1 \\ &-\left[2M\xi\omega_1 + C_{ez} - \frac{1}{2}\rho_a A_a U^2\left(\frac{a_1}{U} + \frac{3a_3}{4U^3}\beta^2\omega_b{}^2\right)\right]\beta_2\omega_b = 0 \end{aligned} \tag{6-18b}$$

式中：β 为响应幅值，表示为 $\beta = (\beta_1{}^2 + \beta_2{}^2)^{\frac{1}{2}}$。

基于式(6－18a)和式(6－18b)，得到频率响应函数为

$$\left(K+K_{ez}+K_1+\frac{3}{4}K_2\beta^2+\frac{5}{8}K_3\beta^4-M\omega_b{}^2\right)^2\beta^2+$$
$$\left[2M\xi\omega_1+C_{ez}-\frac{1}{2}\rho_a A_a U^2\left(\frac{a_1}{U}+\frac{3a_3}{4U^3}\beta^2\omega_b{}^2\right)\right]^2\omega_b{}^2\beta^2=N^2A_b{}^2 \tag{6-19}$$

同样，将方程 (6－17b)代入方程 (6－16b)，平衡 $\sin(\omega_b t)$ 和 $\cos(\omega_b t)$ 的系数，忽略时间导数项，可得：

$$\left.\begin{aligned}&-M\omega_g{}^2+(K+K_{ez}+K_1)+K_2\left(\frac{3}{4}\alpha^2+\frac{3}{2}\beta^2\right)+K_3\left(\frac{5}{8}\alpha^4+\frac{15}{4}\alpha^2\beta^2+\frac{5}{4}\beta^4\right)=0\\&2M\xi\omega_1+C_{ez}-\frac{1}{2}\rho_a A_a U^2\left[\frac{a_1}{U}+\frac{a_3}{U^3}\left(\frac{3}{4}\alpha^2\omega_g{}^2+\frac{3}{2}\beta^2\omega_b{}^2\right)\right]=0\end{aligned}\right\} \tag{6-20}$$

式中：α 为基础激励引起的稳态位移。由方程(6－19)和方程(6－20)可得，系统在混合激励下的总位移为 $\alpha=(\alpha_1{}^2+\alpha_2{}^2)^{\frac{1}{2}}$。通过电阻负载的最大有效功率可以表示为

$$P=\left[\frac{4R^2\theta^2\omega_g^2\alpha^2}{(4+C_p^2R^2\omega_g^2)}+\frac{4R^2\theta^2\omega_b^2\beta^2}{(4+C_p^2R^2\omega_b^2)}\right]^{\frac{1}{2}}/R \tag{6-21}$$

为了说明如何使用 HBM 获得解析结果，图 6.3 给出了数值计算解析结果的流程图。在流程图中，频率步长 h 被设置为 0.1 Hz。将 HBM 得到的近似解析结果与仿真结果进行对比，如图 6.4 所示。复合激励由 0.25 g 的基础加速度和 $U=3.5$ m/s 的风激励组成。数值分析所用参数见表 6.1，可根据几何尺寸和材料性能测量计算得到。图 6.4(a)展示了线性能量收集器在混合激励下的响应。需要注意的是，线性模型可以通过 $K_1=K_2=K_3=0$ 获得。在图 6.4 中，解析结果用浅粗线表示，正向扫频和逆向扫频的数值结果分别用浅细线和深细线表示。基于非线性驰振力的结果，在共振区域附近存在较大的偏差。但值得注意的是，数值模拟得到的幅值和共振频率与解析值非常接近。因此，该模型以及解析方法可以用于预测在基础激励和驰振共同作用下的稳态响应幅值和共振频率。为了定量地给出相对误差，图 6.4(e)(f) 分别对比了分析结果和数值结果，其中灰色为相对误差[＋5%，5%]区域。由于驰振力的作用，线性系统在共振点附近存在稍许误差，而双稳态系统在[8.5 Hz，11Hz]和[11.5 Hz，12 Hz]范围内相对误差较大。解析结果和数值结果误差较大的原因主要是受到谐波项数的限制，一阶谐波仅能反映周期响应，而不能反映复杂特性。然而，总体上谐波平衡方法仍不失为一种较为便捷的预测非线性系统振幅和频率的方法。

表 6.1　双稳态压电能量收集系统的物理、气动弹性与几何特性

物理表示和符号	数值	物理表示和符号	数值
钢梁长度 L/m	0.15	压电片的应变系数 e_{31} /(C·m^{-2})	－11.6
钢梁宽度 w_b/m	15 ×10^{-3}	压电片允许常数 e_{33}/(nF·m^{-1})	3.18 ×10^{-8}
梁的厚度 h_b/m	4 ×10^{-4}	磁铁之间的间距 (a, d)/(m,m)	22 ×10^{-3}，21 ×10^{-3}
钢梁的杨氏模量 Y_b/GPa	210	磁铁的体积 V_m/m^3	1.2 ×10^{-6}
钢梁的密度 ρ_b /(kg·m^{-3})	7.8 ×10^3	磁化强度 M_j(j=A,B,C)/(A·m^{-1})	0.8 ×10^6
压电片的长度 L_p/m	37 ×10^{-3}	钝头体的直径 D/m	0.04
压电片的厚度 h_p/m	3 ×10^{-4}	钝头体的长度 L_D/m	0.10

续 表

物理表示和符号	数值	物理表示和符号	数值
压电片的宽度 w_p/m	0.01	钝头体的质量 M_E/kg	4×10^{-3}
压电片的密度 ρ_p/(kg·m^{-3})	7.7×10^3	机械阻尼比 ξ	5×10^{-3}
压电材料的杨氏模量 C_{11}^E/Gpa	67	气动系数(a_1, a_2, a_3)	1.56, 0, −6.9

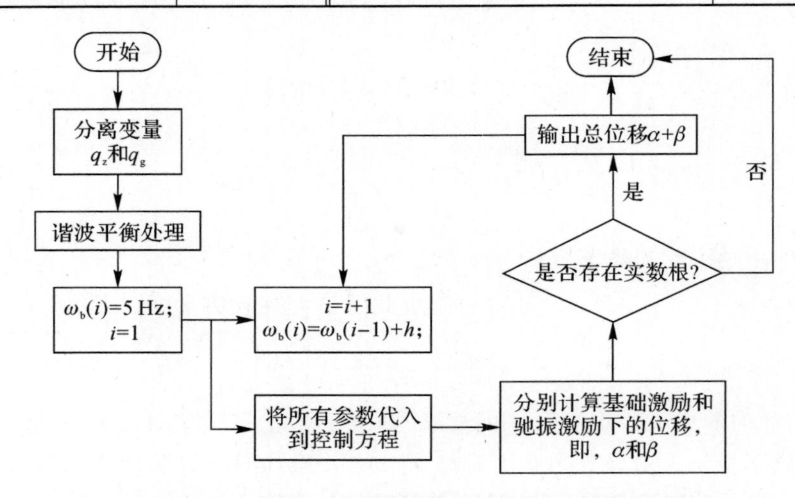

图 6.3 使用 HBM 计算驰振和基础激励引起的位移的流程图

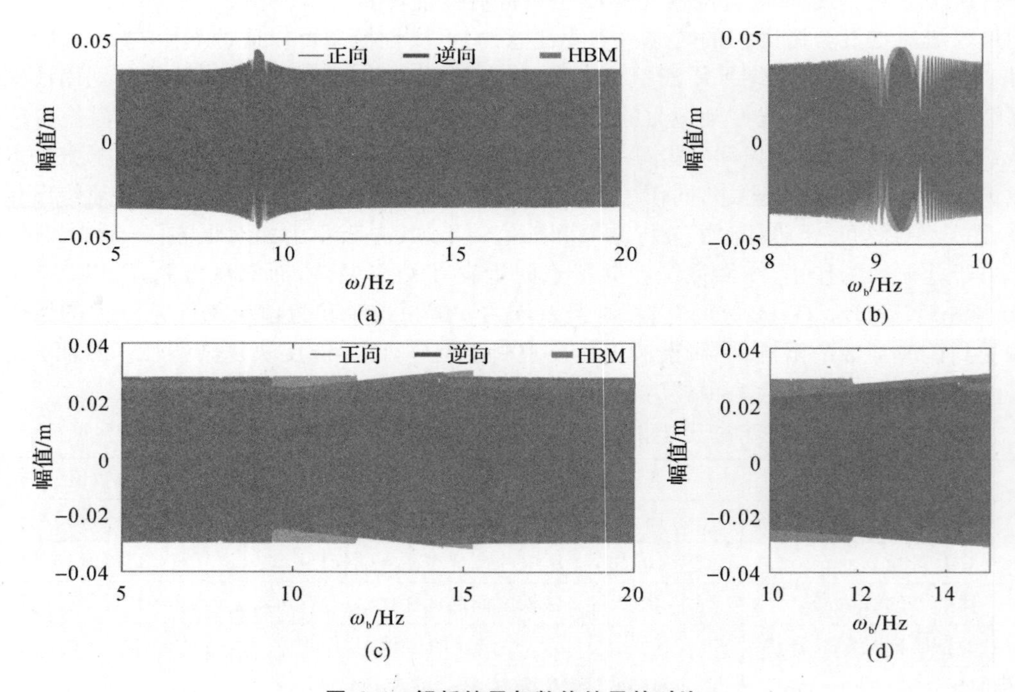

图 6.4 解析结果与数值结果的对比

(a)(b)线性系统;

(c)(d)双稳态系统。浅粗线表示解析解,浅细线和深细线分别表示正向扫频和逆向扫频的结果

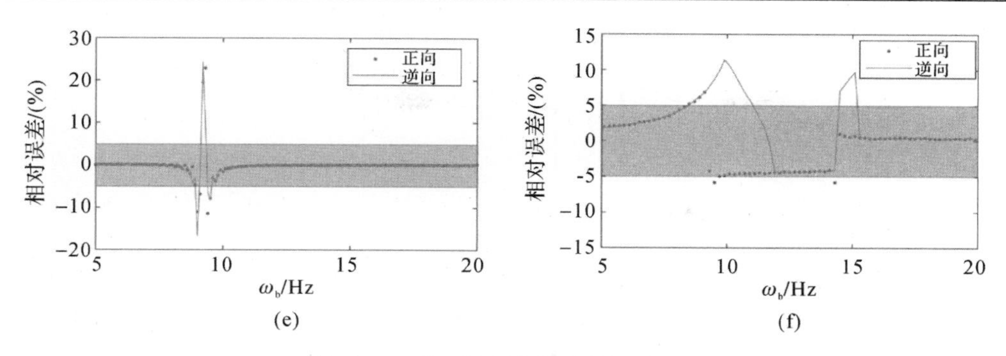

续图 6.4　分析结果与数值结果的对比

(e)线性系统；(f)双稳态系统

图 6.5(a)给出了基础激励水平对阱间振动响应的影响，数值分析中加速度分别选取为 0.25 g、0.35 g、0.45 g。当激励强度增加时，可以观察到一个明显跳跃的非线性特性，跳跃频率随基础激励水平的增加而增大。图 6.5(b)给出了风速对阱间响应的影响，结果表明阱间运动的带宽会随着风速的增加而增大。图 6.5(c)给出了运动磁铁与夹具之间的距离 d 对频率响应的影响，结果表明，d 的增大将导致出现宽频、低振幅响应。图 6.5(d)给出了 3 种不同电阻下的输出功率，阱间振动响应的带宽基本相同，但功率的幅值不同，200 kΩ 的振幅明显高于 100 kΩ 和 400 kΩ。

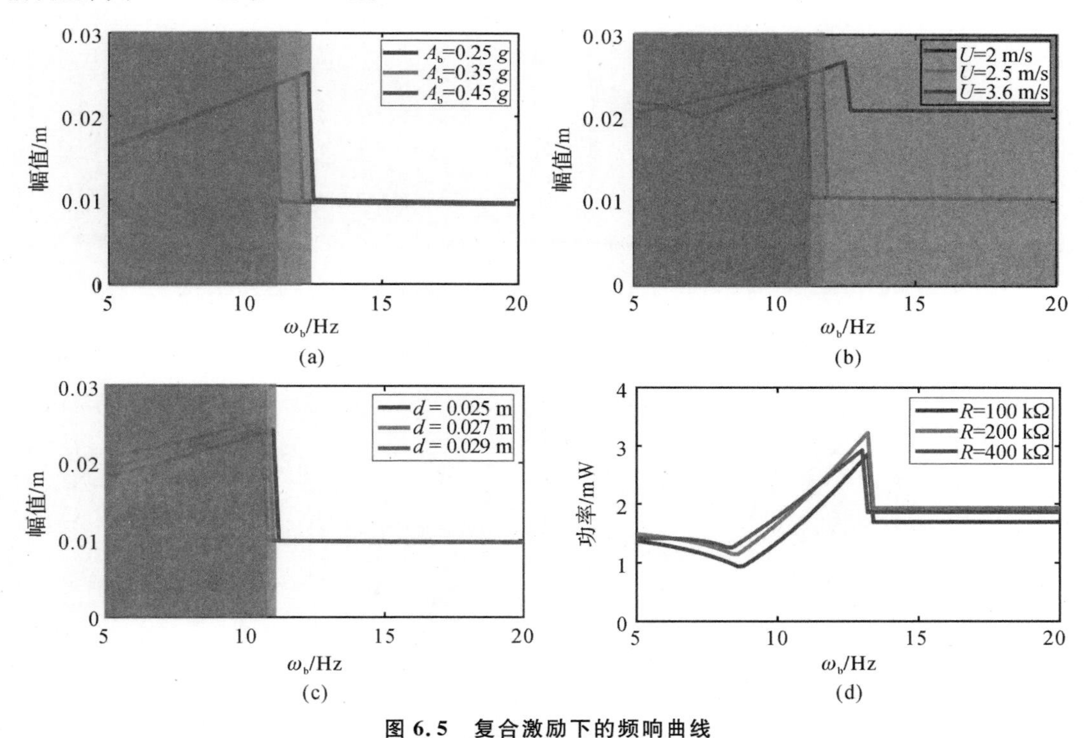

图 6.5　复合激励下的频响曲线

(a)加速度水平对响应的影响；(b)风速对响应的影响；

(c)磁距离对响应的影响；(d)电阻对响应的影响

6.4 数值模拟

在这一部分，采用数值方法研究所提出的能量收集装置在驰振和基础激励共同作用下的动力学响应。振动控制方程[见式(6-12)]采用4阶-5阶龙格-库塔算法求解。图6.6(a)和图6.6(b)分别为正向和逆向扫频激励下瞬态响应的仿真结果。风速设定范围为$U=2\sim3.6$ m/s。基础激励设定为$A_b=0.25$ g，频率的范围5～20 Hz。扫频率为0.1 Hz/s，因此可以较为准确地捕捉准静态的频响特性。首先，在$U=2$ m/s时，正向扫频激励在5～11.4 Hz的频率范围内可以实现阱间运动。从图6.6(c)可知，正向扫频可以导致6.5～11.5 Hz范围内的大幅响应，而逆向扫频在6.5～10.4 Hz范围内导致混沌响应。大振幅振动可产生较大的输出电压，在10 MΩ电阻下最大均方根电压可达35 V。对于逆向扫频，阱间运动带宽意味着混沌响应的均方根电压幅值要小得多，如图6.6(e)所示。随着风速增大到$U=3.6$ m/s时，与$U=2$ m/s时相比，大振幅振动频带显著增加。从图6.6(d)可知，正向扫频和逆向扫频分别在8.8～12.6 Hz和8.8～11.5 Hz范围内产生大幅响应。与$U=2$ m/s时相比，高频范围内的阱内响应变成了阱间响应。当负载电阻为$R=10$ MΩ，激励频率为$\omega_b=12.5$ Hz时，得到的输出电压的最大有效值为45 V，如图6.6(f)所示。

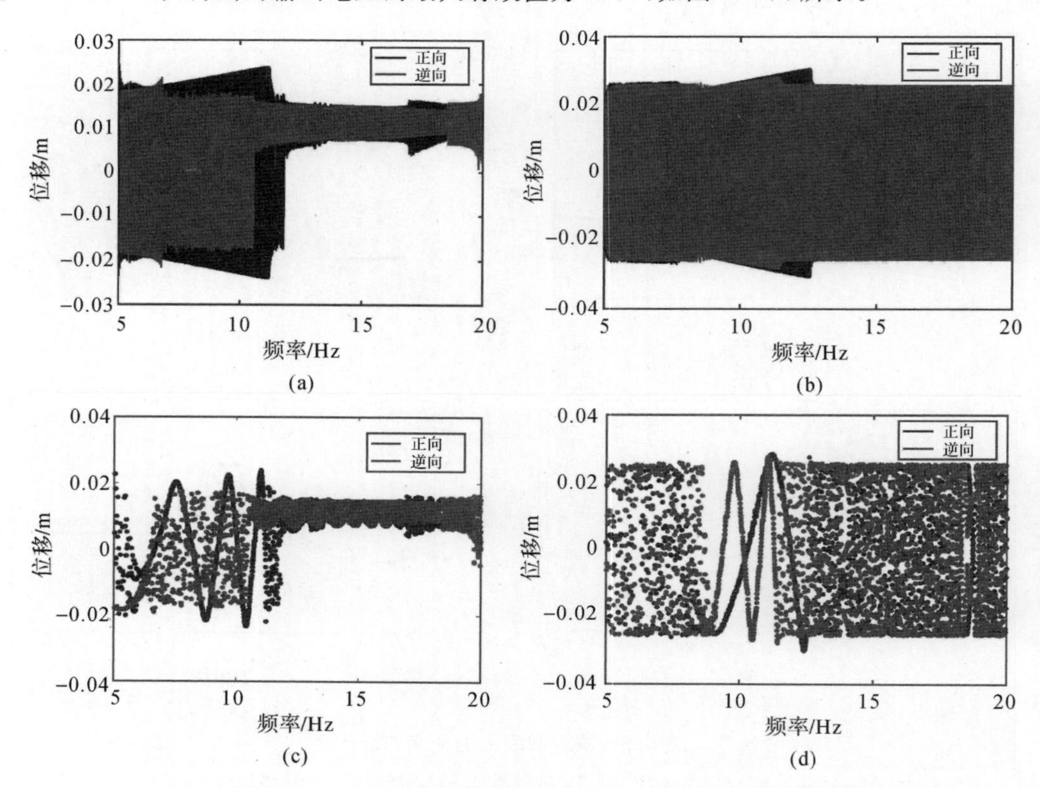

图6.6　当系统受到$A_b=0.25$ g和驰振的复合激励时，位移和RMS电压对频率的响应

(a，c)$U=2$ m/s时的位移和RMS电压；　(b，d)$U=3.6$ m/s时的位移和RMS电压

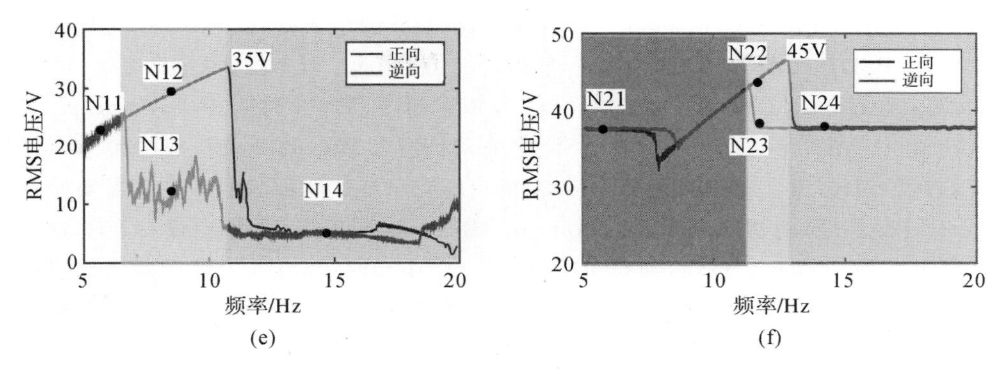

续图 6.6　当系统受到 $A_b=0.25$ g 和驰振的复合激励时,位移和 RMS 电压对频率的响应

(e)$U=2$ m/s 时的位移和 RMS 电压；　(f)$U=3.6$ m/s 时的位移和 RMS 电压

图 6.7 显示了 $U=2$ m/s 风速下和 4 种激励频率下的结果,包括 Poincaré 截面、相图和功率谱密度(PSD)。如图 6.6(c)所示,选取 N_{11}、N_{12}、N_{13}、N_{14} 4 个固定激励频率,分别为 6 Hz、8 Hz、8 Hz、15 Hz。当 ω_b =6 Hz 时,系统出现双阱周期-1 运动,在对应的 Poincaré 截面上出现一个单点,如图 6.7(a)和图 6.7(b)所示。当 ω_b 增加到 8 Hz 时,对应于不同的初始条件,会出现多个解共存。例如,当初始位移为 0.02 m 时,系统响应为阱间周期-1 运动,对应于 Poincaré 截面呈现单点,如图 6.7(c)和图 6.7(d)所示。但当初始位移为 0.01 m 时,系统响应将进入混沌运动,对应于 Poincaré 截面上的一组不规则点,如图 6.7(e)和图 6.7(f)所示。最后,当增加到 15 Hz 时,势能阱内的响应将受到限制,并表现出准周期特征,如图 6.7(g)和图 6.7(h)所示。

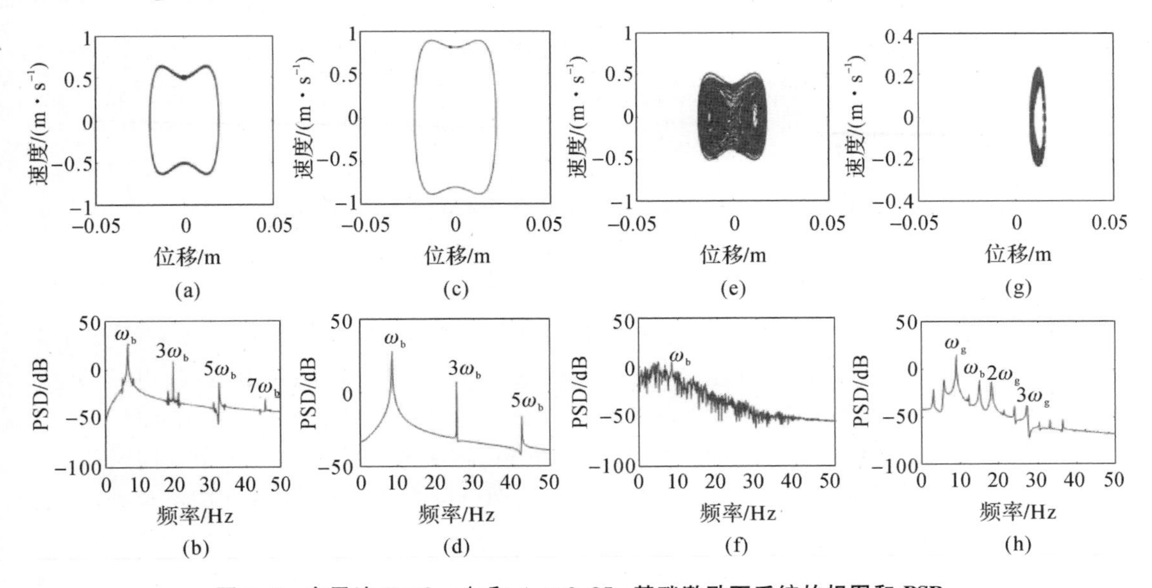

图 6.7　在风速 $U=2$ m/s 和 $A_b=0.25g$ 基础激励下系统的相图和 PSD

(a)(b) N_{11}(6 Hz)；　(c)(d) N_{12}(8 Hz)；

(e)(f) N_{13}(8 Hz)；　(g)(h) N_{14}(15 Hz)

图 6.8 显示了 U=3.6 m/s 风速下 4 种激励频率下的结果，包括 Poincaré 截面、相图和功率谱密度(PSD)。如图 6.8(c)所示，选取 N_{21}、N_{22}、N_{23} 和 N_{24}，固定激励频率分别为 6 Hz、12Hz、12Hz 和 15Hz。当 ω_b 为 6 Hz 时，相平面图呈现准周期特征，Poincaré 截面形成闭合轨道。在图 6.8(b)中，可以在 PSD 中分别观察到基础激励和驰振的频率。频率进一步增加到 12 Hz，对于不同的初始位移，系统响应会呈现截然不同的特性。当初始位移为 0.02 m 时，出现双阱周期-1 运动，在 Poincaré 截面上出现单点，PSD 中仅存在基础激励的高频分量[见图 6.8(d)]。然而，如果初始位移为 0.01 m，系统将发生准周期运动响应。从图 6.8(f)可以看出，PSD 中驰振频率分量是显著的，因此驰振对响应有很大的贡献。频率增加到 15 Hz 时，由于驰振的干扰，响应将保持准周期运动，如图 6.8(g)和图 6.8(h)所示。

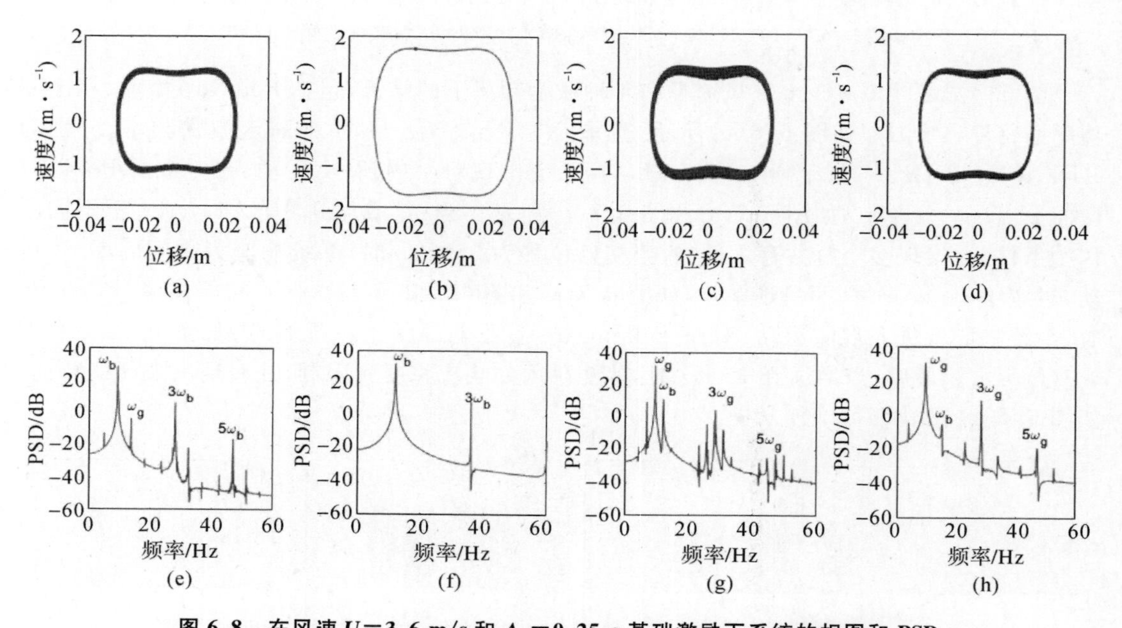

图 6.8　在风速 U=3.6 m/s 和 A_b=0.25 g 基础激励下系统的相图和 PSD

(a, b) N_{21}(6 Hz)；(c, d) N_{22}(12 Hz)；

(e, f) N_{23}(12 Hz)；(g, h) N_{24}(15 Hz)

吸引盆是证明多解共存的有效方法。6 Hz、12 Hz 和 15 Hz 的 3 种激励频率的吸引盆如图 6.9 所示，其中 QB 或 PB 为起点，Q 或 P 为吸引子。很明显，如果稳态响应从不同的位置出发，对应不同的初始条件，则会逼近不同的分支。在图 6.9(a)中，当 ω_b 为 6 Hz 时，稳态准周期响应无论从哪里开始，最终都趋于闭合轨道，相应地在 Poincaré 段形成闭合轨道。在图 6.9(b)中，当 ω_b 为 12 Hz 时，复杂响应演化为两个分支，其中高能分支用红色表示，准周期分支用环状吸引子表示。在图 6.9(c)中，当 ω_b 为 15 Hz 时，从整个吸引盆中明显地看出稳态响应表现出准周期特征。因此很容易发现，在非共振范围内系统显示准周期响应，而在共振范围内周期大振幅响应和准周期响应共存。

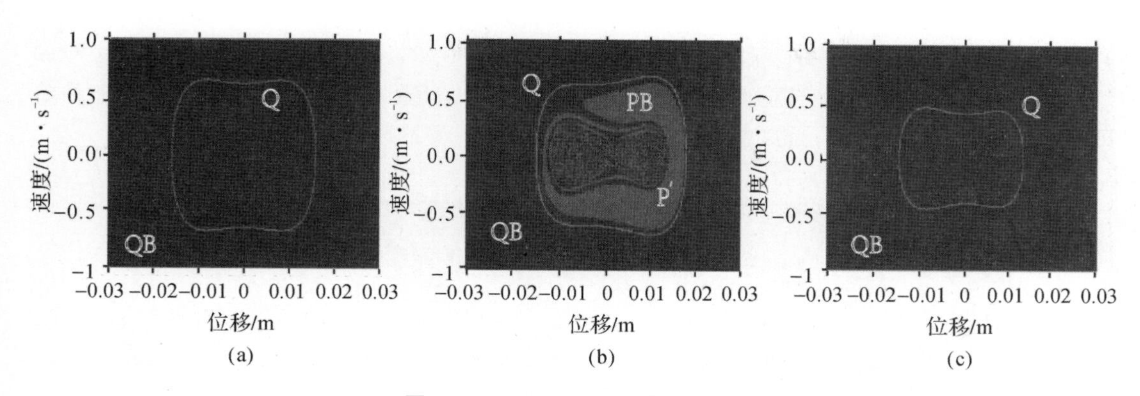

图 6.9　$U=2.5$ m/s 时的吸引盆

(a)6 Hz；　(b)12 Hz；　(c)15 Hz

图 6.10 显示在 0.25 g 的基础激励条件下 3 种风速时的吸引盆。如图 6.10(a)所示，当风速 $U=2$ m/s时，吸引盆平面分为高能和低能两部分。如图 6.10(b)所示，当风速增加到 $U=2.5$ m/s 时，吸引盆大部分被混沌响应占据，其中混沌吸引子用 C 表示。如图 6.10(c)所示，当风速增大到 $U=3.6$ m/s 时，将参数平面划分为两个区域，其中 Q 代表准周期响应，P 代表周期-1 高能分支。结果表明，通过增大风速，可以改善系统在高频范围内的能量输出。如果考虑驰振效应，阱内响应可转化为阱间响应。在接下来的章节中，将研究驰振对双稳态压电能量收集装置(BPEH)的积极影响以及多解共存等非线性动力学现象。

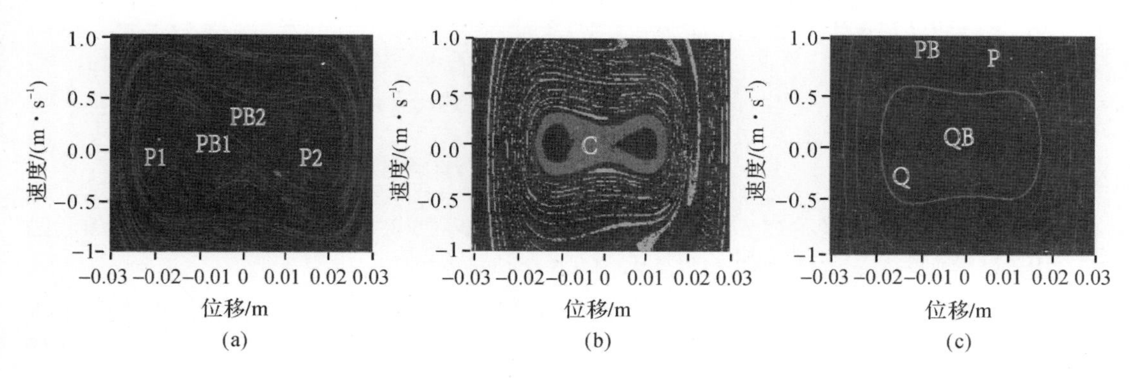

图 6.10.　$A_b=0.25g$ 时的吸引盆

(a) $U=2$ m/s，　(b) $U=2.5$ m/s，　(c) $U=3.6$ m/s

6.5　实验验证

为了验证理论分析和仿真分析的结果，制作了双稳态能量收集装置的样机，并在风洞与振动台的共同作用下进行了相应的实验。实验装置如图 6.11 所示，在夹具上安装了带有 D 形截面钝体的钢悬臂梁。为了减小质量，钝体用泡沫材料制成。在悬臂梁的自由端固定一个移动磁铁，两个固定的钕铁硼磁铁都附着在固定夹具上。整个样机装置安装在一个电磁振动台(LT-50，Econ Corp)上，使用加速度传感器(14100，B&W Sensing Technology)测量激振器的大小，并将其反馈到振动控制器(VT-9008，Econ Corp)上。均匀的风激励由风洞产生，由调频器调节，由风速计(Bnetech，GM8903)测量风速。

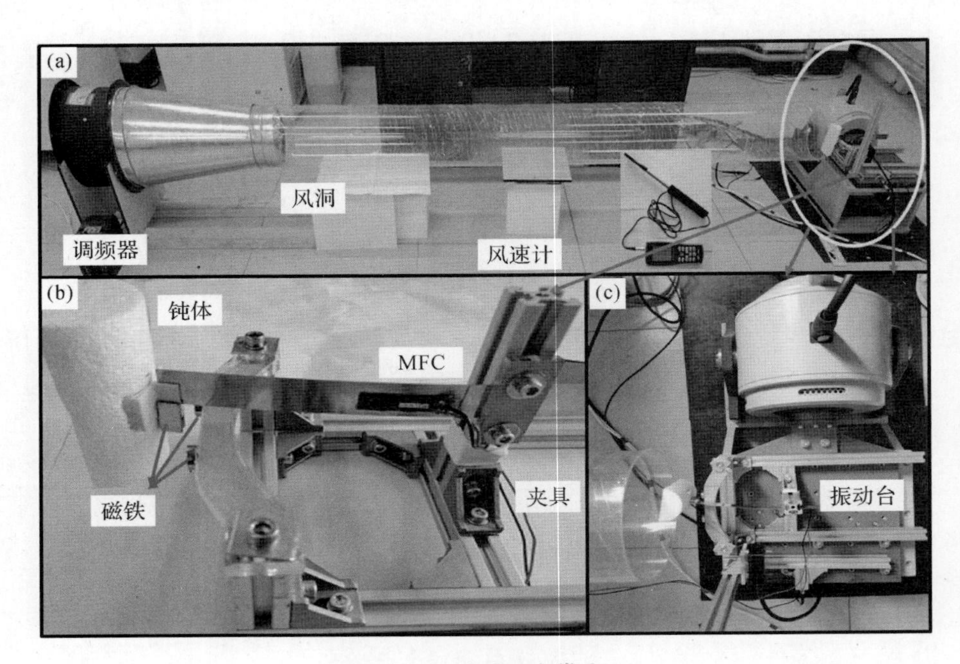

图 6.11　实验平台搭建

(a)风洞和固定在振动台上的压电能量收集器；

(b)压电能量收集器的局部放大图；

(c)固定在激振器上的压电能量收集器俯视图

图 6.12 为风速固定在 $U=2$ m/s 、$U=2.5$ m/s 和 $U=3.6$ m/s 时，在 0.25g 扫频激励下 HBM 的实验瞬态响应与解析结果的对比，其中风速分别设定在 $U=2$ m/s，$U=2.5$ m/s 和 $U=3.6$ m/s。在扫频实验中，先以 2 oct/min 的速度从 5 Hz 向 20 Hz 对数增加，然后再以相同的扫频率开展逆向扫频实验。实验选择的电阻为 10 MΩ。对比结果如图 6.12 所示，其中深线为正向扫频响应，浅线为反向扫频响应，粗线为 HBM 解析结果。系统在不同风速下的频率响应均表现出迟滞特性，并且由于其包络线向右弯曲，硬弹簧特性导致正向扫频效果优于逆向扫频结果。如图 6.12(a)和 6.12(d)所示，$U=2$ m/s 时，正向扫频引发了 5～11.4 Hz 范围内的大振幅振动响应。然后，随着频率的增加，高能解消失，低能振动响应出现在非平凡的平衡位置附近。逆向扫频和正向扫频相比，由于硬化弹簧非线性的因素，高能分支的带宽变窄。实验中观察到的跳跃频率为 11.4 Hz，与 HBM 预测的跳跃频率(11.5 Hz)非常接近。

如图 6.12(b)和图 6.12(e)所示，在 $U=2.5$ m/s 时，在 7.5～18 Hz 的宽频率范围内出现混沌响应，系统在此范围内产生较大的输出电压。如图 6.12(c)和图 6.12(f)所示，当风速达到 $U=3.6$ m/s 时，硬化弹簧宽带响应扩展到 12.5 Hz，高频范围内的阱内振荡变为阱间振动响应。通过与仿真结果的比较可知,实验结果与谐波平衡结果吻合较好,证明了谐波平衡方法的有效性。实验结果体现了该结构的优越性。可以看出,随着风速的增大,较不理想的阱内小振幅分支会收缩,只存在于较小的频率范围内。扫频实验结果验证了对吸引盆的分析,表明随着风速的增大,阱内响应已转化为表现出周期性、准周期性和混沌运动的阱间响应。实验证明,风速的增大,将使系统在整个频率范围内具有良好的能量收集效果,从而转化效率更高。

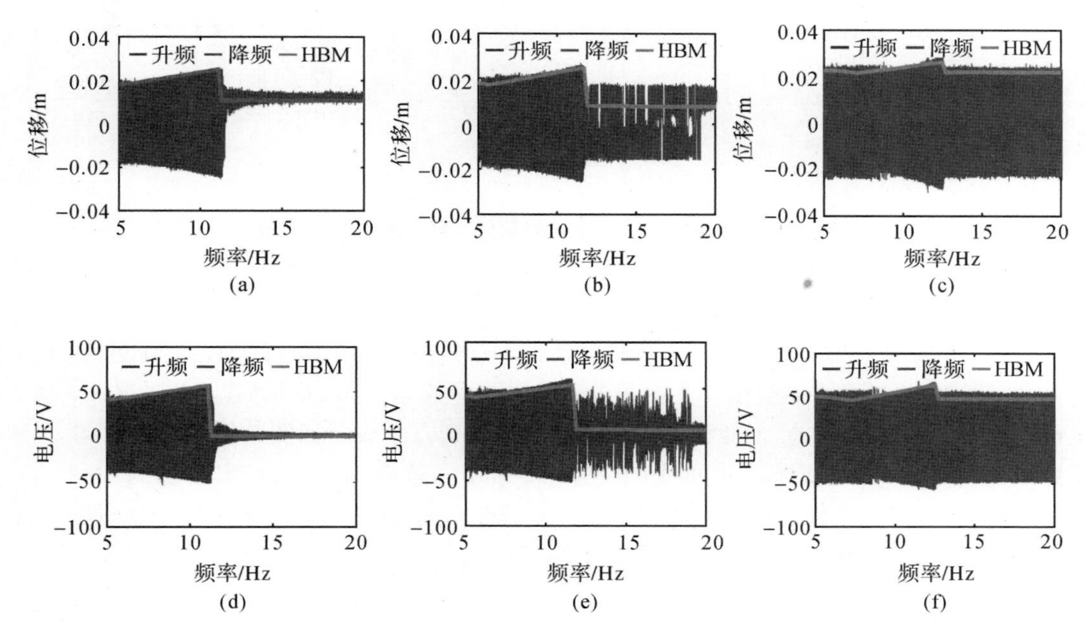

图 6.12　$A_b=0.25g$ 下实验结果与谐波平衡方法得到的解析结果对比

(a)(d) $U=2$ m/s;　(b)(e) $U=2.5$ m/s;　(c)(f) $U=3.6$ m/s

图 6.13(a)为 $U=2$ m/s、$U=2.5$ m/s 和 $U=3.6$ m/s 时的实验 RMS 电压,激励频率固定为 8 Hz、11 Hz、15 Hz 和 18 Hz。当激励为 8 Hz 和 11 Hz 时,阱间运动幅度较大,产生较高的均方根电压。当激励频率增加到 15 Hz 和 18 Hz 时,$U=2$ m/s 的响应被限制在一个势能阱中,输出电压变小。在 $U=3.6$ m/s 时,阱间运动将会导致输出电压达到最大值,动力学响应或是准周期运动又或者周期运动。与 $U=3.6$ m/s 时的 RMS 电压相比,$U=2.5$ m/s 时,在激励频率 15 Hz 和 18 Hz 的 RMS 电压的衰减可以解释为阱间混沌响应,它们展现出一个随机特性和不定期的阱间跳跃。图 6.13(b)给出了风速为 $U=2.5$ m/s 时各种动力学响应的均方根电压。当激励频率为 9 Hz 时,混沌响应和准周期响应并存。当频率增加到 12 Hz 时,3 种响应同时出现,阱间周期响应的均方根电压为 39.14 V,比准周期和混沌的均方根电压分别高 20.47%和 114%。当基础激励频率增大到 15 Hz 和 18 Hz 时,周期-1 响应和混沌响应并存。需要注意的是,最大功率在周期-1 响应中产生。最大功率为 0.16 mW,可满足对低功率微机电系统供电的要求。

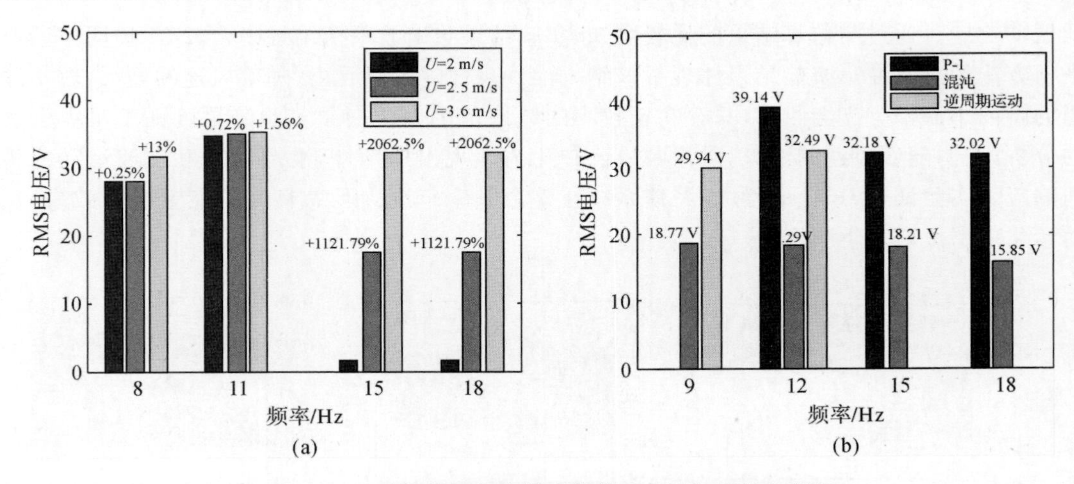

图 6.13 风速与共振频率带宽的关系以及多解共存现象

(a) $U=2$ m/s、$U=2.5$ m/s 和 $U=3.6$ m/s 时的均方根电压；

(b)当风速设为 $U=2.5$ m/s 时多个解共存现象

图 6.14 给出了 $U=2.5$ m/s 和基础激励频率分别固定在 9 Hz、12 Hz、15 Hz 和 18 Hz 时的相轨迹图与 Poincaré 截面。在图 6.14(a)中，系统在 $\omega_b=9$ Hz 时可以从 Poincaré 截面上确定发生了准周期运动，该截面由一组局部的不规则点组成。如图 6.14(b)所示，随着激励频率增加到 12 Hz，系统表现出阱间周期-1 运动。随后，当激励频率增加到 15 Hz 和 18 Hz 时，系统表现出阱间混沌运动。如图 6.14(c)和 6.14(d)所示，在相图中出现了一个奇怪的吸引子，相应地在 Poincaré 截面上出现了一些不规则的点。

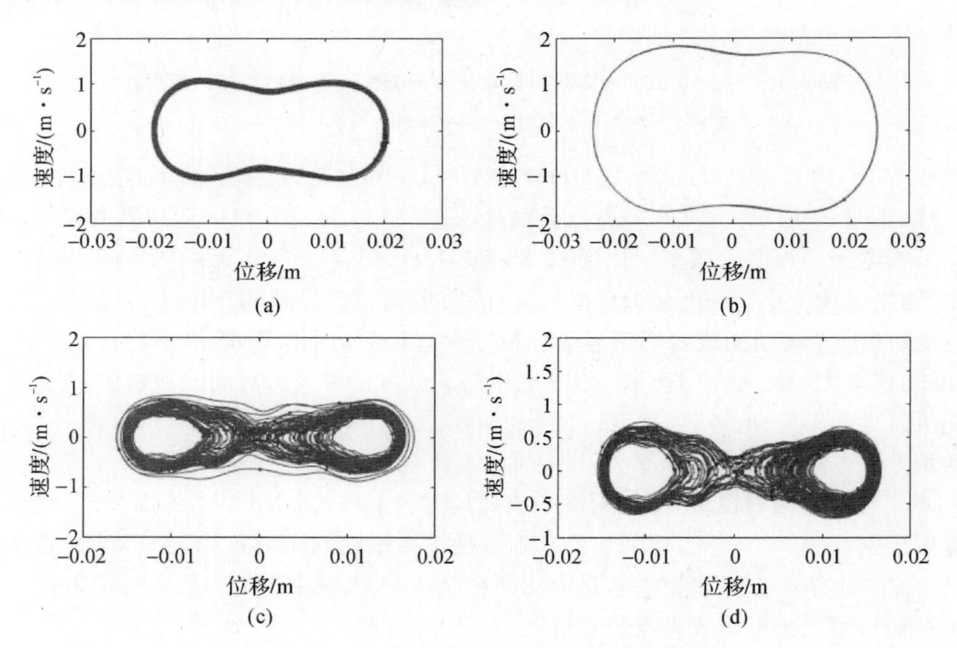

图 6.14 $U=2.5$ m/s 和 $A_b=0.25\ g$ 时的相平面图

(a) 9 Hz； (b) 12 Hz； (c) 15 Hz； (d) 18 Hz

图 6.15 给出了混合激励下($A_b=0.25\ g$，$\omega_b=12$ Hz，$U=2.5$ m/s)的 3 种运动时的 Poincaré 截面、相图和时间历程图。如图 6.15(a)、6.15(b)、6.15(c)所示，在特定激励水平下，3 种运动并存。当初始位移分别为 0.02 m、0.015 m 和 0.01 m 时，系统呈现周期性、准周期性和混沌特性。从图 6.15(d)的时间历程可以看出，阱间周期-1 响应的振幅明显大于准周期和混沌响应的振幅。因此，可以通过调整初始条件到阱间周期-1 运动的吸引盆来提高输出功率。

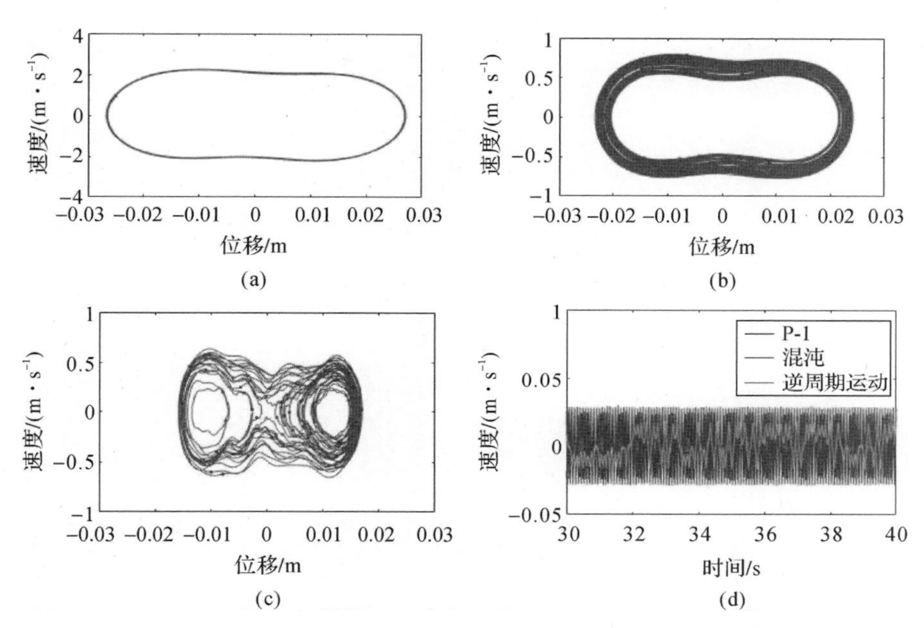

图 6.15　相同激励条件下($U=2.5$ m/s、$A_b=0.25$ g 和 $w_b=12$ Hz)的动力学响应

(a)周期-1 运动；(b)准周期运动；(c)混沌运动；(d)3 种运动的时间历程

6.6　结　　论

本章研究了驰振和基础激励共同作用下的双稳态能量收集系统的性能和非线性动力学特性。理论分析、数值模拟和实验验证，为分析非线性响应提供了一个全面的框架。利用能量法、基尔霍夫定律和准稳态假设，推导了驰振和基础激励共同作用下的双稳态能量收集系统振动控制方程。采用谐波平衡分析方法获得了稳态响应，并研究了基础激励和风速对输出电压的影响。通过实验测实验证了分析和仿真结果。从模拟和实验结果可以得出以下结论。

(1)随着风速的增大，在高频基础激励下阱内响应转化为表现出混沌和准周期特性的阱间响应。因此，将基础激励和驰振相结合，可以扩展阱间响应的工作带宽，有利于从振动和风中收集更多的环境能量。

(2)在谐振频率范围内,系统会出现较大振幅的周期响应,能产生较大的输出电压;但在非共振范围内,基于基础激励和驰振的作用,会出现准周期响应。

(3)实验结果表明准周期、周期和混沌响应可以共存,但它们所收集到的能量却不相同,阱间周期运动的输出电压最高。因此,最优初始条件有助于产生最大的输出功率。

第7章　基于复合钝体的涡激振动能量收集装置动力学与性能评估

7.1 引　言

涡激振动能量收集装置通常把流线型钝体安装在一个悬臂梁或者弹性弹簧的顶部，而驰振的装置以多边形和D形截面为特征。这两者的共同点是利用流固耦合导致的气动不稳定性实现振幅的增大。然而，基于涡激振动的能量收集器只在脱涡频率与固有频率接近时才会有较好的振动效果。为了扩展拓宽锁频范围，提高涡激振动能量收集效应，大量研究（如优化钝体、结构非线性和钝体的干涉效应）都被引入能量收集装置设计中。Dai等人研究了钝体的方向对能量收集效果的影响规律。Li等人提出了一种基于涡激振动的平面式全向压电能量收集装置，通过圆柱壳体和弯曲梁的耦合，扩宽起振风向的范围。Jin等人通过在钝体表面安装仿生形状的修饰物来提升能量收集性能。Hu等人将两根小直径圆柱形杆连接到钝体上，发现可以拓宽锁频范围。Wang等人在涡激振动装置的钝体上添加了超表面结构，并且发现装饰有凸半球和三棱柱的超表面的钝体更有助于风能的回收利用。Daqaq等人使用了非线性的方式来提升流致振动能量收集效果。Nasser等人在涡激振动能量收集装置中引入了非线性吸引以获得更宽的锁频区域，使得涡激振动能量收集装置更加高效。Zhang等人提出了一种新结构，在钝体后部摆放各种横截面的干扰钝体，研究发现摆放矩形干扰钝体有助于提高能量转化效率。

驰振本质是当环境风速超过临界风速时，负的气动阻尼大于结构阻尼所诱发的不稳定振动现象，它本质上是一种自激振动过程。近年来，许多学者尝试将驰振-涡激振动相耦合，提出复合能量收集装置以通过协同效应获取更多的能量。在当前的研究中，位于悬臂梁自由端的钝体截面通常较单一，其他横截面的钝体没有被应用于涡激振动能量收集装置。对于由不同的截面物体组成的复合钝体，尚未开展相应的定性和定量分析。在本章中，提出一种新型的涡激振动能量收集装置，该装置由不同的截面组成，如O形和D形等截面。本章根据钝体安装的顺序，设计了3种复合钝体。依据广义Hamilton方法，建立了一种流致振动能量收集模型。通过计算流体力学方法和实验方法，比较了所提出的多个流致振动能量收集装置的能量转化效果。

7.2 设计与理论建模

图 7.1(a)所示为压电气动弹性能量收集器的模型，它由一根附有聚偏二氟乙烯(PVDF)压电薄膜的悬臂梁和钝体组成。悬臂梁和压电片的尺寸分别表示成 $L_b \times w_b \times h_b$ 和 $L_p \times w_p \times h_p$ 。其中 L、w 和 h 分别表示梁的长度、宽度和厚度。下标“b”和“p”分别代表梁和压电片。压电片串联到带有两个电极的负载电阻 R 上。L_1 和 L_2 分别表示压电片两端到悬臂梁固定端的距离。本章设计了 4 种不同形式复合钝体以代替以往形式的圆柱状钝体，将它们安装到悬臂梁的自由端，如图 7.1(b)所示。圆形(O)截面的钝体作为基体，同时设计了一系列的 D 形钝体，以与基体交错放置形成复合截面钝体。根据截面的空间顺序，钝体可以分为 O、ODO、ODODO 和 DOD 形 4 种，其中字母 O 和 D 分别表示 O 形和 D 形截面。为了保证复合钝体的质量相同，设定 O 形钝体长度是 D 形钝体长度的两倍，即 $\Sigma L_O / \Sigma L_D = 2$ 。

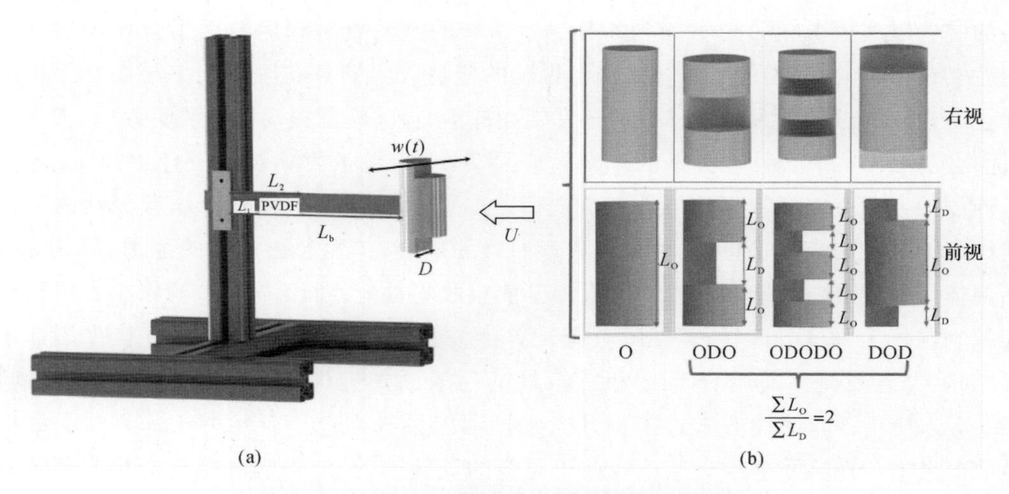

图 7.1 基于复合钝体的涡激振动能量收集装置

(a)压电-气动弹性能量收集器示意图； (b)复合钝体

本书采用广义 Hamilton 原理推导了涡激振动能量收集系统的控制方程，其一般形式为

$$\int_{t_1}^{t_2} (\delta T - \delta \Pi + \delta W_{nc}) \mathrm{d}t = 0 \tag{7-1}$$

式中：t_1、t_2 表示时间；δ 为狄拉克函数；T、Π 和 W_{nc} 分别表示动能、势能以及涡激振动能量收集装置中的非保守力做功。

动能 T 由下式表示：

$$T = \frac{1}{2}\left[\int_0^{L_b} m_b \left(\frac{\partial w}{\partial t}\right)^2 \mathrm{d}x + \int_{L_1}^{L_2} m_p \left(\frac{\partial w}{\partial t}\right)^2 \mathrm{d}x\right] + \frac{1}{2}M_C\left(\frac{\partial w}{\partial t} + D\frac{\partial w}{\partial x \partial t}\right)^2 + \frac{1}{2}I_t\left(\frac{\partial w}{\partial x \partial t}\big|_{x=L_b}\right)^2 \tag{7-2}$$

式中：$m_b = \rho_b w_b h_b$，$m_p = \rho_p w_p h_p$，分别代表梁和压电片每单位长度的质量；$w(x,t)$ 表示弹性梁在坐标 x 的挠度；M_C 表示钝体的总质量；I_t 是转动惯量。

基于胡克定律和压电本构关系，涡激振动能量收集装置的总势能可由下式表示：

$$\Pi = \underbrace{\frac{1}{2}E_b I_b \int_0^{L_b} \left(\frac{\partial w^2}{\partial x^2}\right)^2 \mathrm{d}x + \frac{1}{2}E_p I_p \int_{L_1}^{L_2} \left(\frac{\partial w^2}{\partial x^2}\right)^2 \mathrm{d}x}_{\text{mechanical}} - \underbrace{\frac{1}{2}d_{31} V(h_b + h_p) w_b \left(\frac{\partial w}{\partial x}\right)_{x=L_p}}_{\text{electromechanical}} - \underbrace{\frac{1}{2}C_P V^2}_{\text{electrical}} \tag{7-3}$$

式中：$E_b I_b$ 和 $E_p I_p$ 分别表示梁和压电片的抗弯刚度；d_{31} 是机电耦合系数；$C_p = e_{33} w_b L_p / h_p$ 表示压电片等效电容；$V(t)$ 是压电片的输出电压。

对于此系统而言，非保守力做功包括 3 部分：外部载荷 R 做的虚功，机械黏性阻尼力和空气动力横向力做的虚功。因此非保守力做的总的虚功可表示为

$$\begin{aligned} \delta W_{nc} &= W_{ele} + W_{damp} + W_{areo} \\ &= Q\delta V + \int_0^{L_b} \left[c_1 \frac{\partial w(x,t)}{\partial t}\delta(w) + c_2 I_b \frac{\partial^3 w^3(x,t)}{\partial x^2 \partial t}\delta\left(\frac{\partial w^2}{\partial x^2}\right)\right]\mathrm{d}x + F_{viv}\delta w\,|_{x=L_b} \end{aligned} \tag{7-4}$$

式中：W_{ele}、W_{damp} 和 W_{areo} 为相应的电场、阻尼力和空气动力做的虚功；Q 是压电片产生的电荷量；c_1 和 c_2 分别为材料阻尼系数和空气阻尼系数；F_{viv} 为涡激振动力。

F_{viv} 表示成下式：

$$F_{viv} = \frac{\rho_0 C_L D U^2 L_0}{2} - \frac{\rho_0 C_D D U^2 L_0}{2}\left[\frac{\partial w(x,t)}{\partial t} + \frac{D}{2}\frac{\partial^2 w(x,t)}{\partial x \partial t}\right] \tag{7-5}$$

式中：$C_L = \frac{C_{L0}}{2}p(t)$ 表示升力系数，C_{L0} 和 C_D 是稳定升力系数和平均截面阻力系数，可以通过计算流体力学(CFD)仿真模拟获得这两个参数；U 为风速；ρ_0 是气流密度；L_0 表示钝体的长度。$p(t)$ 表示流动尾迹对钝体的影响变量。需要注意的是，本研究中使用的尾流振子模型为

$$\ddot{p} + \lambda\omega_s(p^2 - 1) + \omega_s p = \frac{A}{D}\frac{\mathrm{d}^2 w}{\mathrm{d}t^2} \tag{7-6}$$

式中：λ 和 A 是通过实验测得的常数，分别设定为 0.3 和 1.2。ω_s 是涡激振动脱涡频率，定义为 $\omega_s = 2\pi StU/D$，St 是与雷诺数有关的斯特劳哈尔数。本章中为了确定特定风速条件下的升力和阻力，通过内嵌有 LBM (Lattice Boltzmann Method)的 XFlow 软件进行仿真。图 7.2(a)表明了流体的计算域以及相应的边界条件。计算域的几何尺寸是 1.8 m×0.09 m×0.549 m。计算域的左右两侧的边界分别被设定为虚拟风洞的入口和出口，剩下的边界被设定在壁面。为了保证数值模拟的有效性，在湍流仿真中使用了 Smagorinsky 湍流模型。这种模型的特点是在大涡模拟过程中具有很高的精确度，时间步长设置为自适应，且钝体周围分辨率比全局分辨尺度精确 4 倍。

钝体的参数和气流模型参数可参考表 7.1。采用 LBM 进行气动仿真的过程中，为了确定合适的格子尺寸，尝试了 185 900、293 085 和 411 060 这 3 种格子数，可以分别标记为稀疏格子数、适中格子数和精密格子数，如图 7.2(b)(c)(d)所示，从中可以看出格子数为 293 085 时，C_D 的收敛时间最短。表 7.2 示出了格子疏密程度的影响规律，表明适中格子数量相对于稀疏格子数量，其误差较小，因此出于计算成本和效率考虑，在模拟过程中选择适中格子数量。

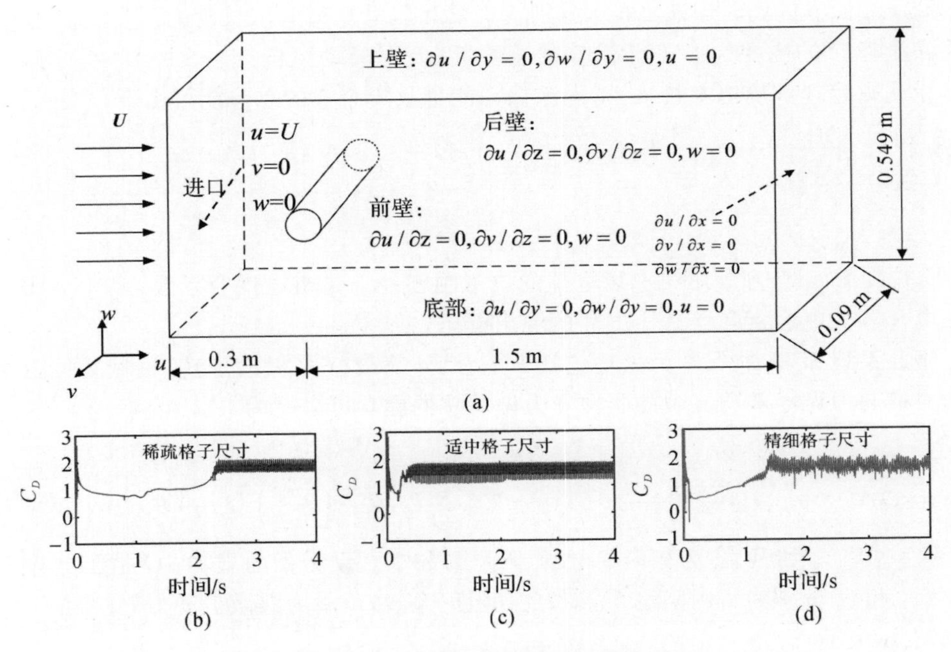

图 7.2　3D－CFD 气动力的模拟装置

(a)数值风洞计算域；　(b)(c)(d)稀疏、适中、精密晶格尺寸的阻力系数随时间变化曲线。

表 7.1　来流以及钝体物理参数

流体参数	值
密度 ρ_0 /(kg·m^{-3})	1.204 1
温度/℃	16
动态黏度/(Pa·s)	1.789 410^{-5}
分子量/(g·mol^{-1})	28.996

表 7.2　格子数量的相对影响

格子疏密程度	格子数量	C_D	C_L	相对精细格子的误差
稀疏	185 900	1.838 5	0.646 7	10.88%，6.445%
适中	293 085	1.631 7	0.695 9	1.59%，0.68%
精细	411 060	1.658 0	0.691 2	

为了求解控制方程，使用瑞利-里兹法来离散位移。横向位移 $w(x,t)$ 可以近似为模态坐标 $q_i(t)$ 与相应的振型函数 $\psi_i(x)$ 的乘积：

$$w(x,t)=\sum q_i(t)\psi_i(x) \tag{7-7}$$

其中振型函数 $\psi_i(x)$ 可以由下式表示：

$$\left.\begin{aligned}\psi_{i1}(x)&=A_{i1}\sin\beta_{i1}x+B_{i1}\cos\beta_{i1}x+C_{i1}\sin\beta_{i1}x+D_{i1}\cos\beta_{i1}x,0\leqslant x\leqslant L_1\\\psi_{i2}(x)&=A_{i2}\sin\beta_{i2}x+B_{i2}\cos\beta_{i2}x+C_{i2}\sin\beta_{i2}x+D_{i2}\cos\beta_{i2}x,L_1\leqslant x\leqslant L_2\\\psi_{i3}(x)&=A_{i3}\sin\beta_{i1}x+B_{i3}\cos\beta_{i1}x+C_{i3}\sin\beta_{i1}x+D_{i3}\cos\beta_{i1}x,L_2\leqslant x\leqslant L_b\end{aligned}\right\}\quad(7-8)$$

式中：β_{i1} 和 β_{i2} 为特征值，$\beta_{i1}=\sqrt[4]{E_\mathrm{p}I_\mathrm{p}(\rho_\mathrm{p}w_\mathrm{p}h_\mathrm{p})/Y_\mathrm{b}I_\mathrm{b}(\rho_\mathrm{b}w_\mathrm{b}h_\mathrm{b})}\beta_{i2}$ 。它们可以由边界条件和下列正交性条件得到：

$$\left.\begin{aligned}&\int_{V_\mathrm{b}}\psi_{i1}(x)\rho_\mathrm{b}\psi_{j1}(x)\mathrm{d}V_\mathrm{b}+\int_{V_\mathrm{p}}\psi_{i1}(x)\rho_\mathrm{p}\psi_{j1}(x)\mathrm{d}V_\mathrm{p}+\psi'_{i1}(x)I_\mathrm{t}\psi'_{j1}(x)\\&+m_0\left[\psi_{i1}(x)+\frac{D}{2}\psi'_{i1}(x)\right]\left[\psi_{i1}(x)+\frac{D}{2}\psi'_{i1}(x)\right]=\delta_{ij}\\&\int_{V_\mathrm{b}}z^2\psi''_{i1}(x)E_\mathrm{b}\psi''_{j1}(x)\mathrm{d}V_\mathrm{b}+\int_{V_\mathrm{p}}z^2\psi''_{i1}(x)E_\mathrm{p}\psi''_{j1}(x)\mathrm{d}V_\mathrm{p}=\omega_i^2\delta_{ij}\end{aligned}\right\}\quad(7-9)$$

因为对具有尖端质量的悬臂梁的振动响应而言，第一阶模态和振型起决定性作用，所以在悬臂梁式流致振动能量收集器的建模中，只考虑第一阶模态。将单模态假设代入动能、势能和非保守功的表达式中，利用欧拉-拉格朗日方程得到控制方程为

$$\left.\begin{aligned}\frac{\mathrm{d}}{\mathrm{d}t}\left(\frac{\partial L}{\partial\dot{q}}\right)-\frac{\partial L}{\partial q}&=\frac{\delta W_\mathrm{nc}}{\delta q}\\\frac{\mathrm{d}}{\mathrm{d}t}\left(\frac{\partial L}{\partial\dot{V}}\right)-\frac{\partial L}{\partial V}&=\frac{V}{R}\end{aligned}\right\}\quad(7-10)$$

此处 $L=T-\Pi$ 为拉格朗日量。

基于式(7-1)、式(7-2)和式(7-4)，涡激振动压电能量收集器的控制方程可表示成以下形式：

$$\left.\begin{aligned}&\ddot{q}+2\xi\omega\dot{q}+\gamma\dot{q}+\omega^2q-\theta V=\alpha p\\&C_\mathrm{p}V+\frac{V}{R}+\theta q=0\\&\ddot{p}+\lambda\omega_\mathrm{s}(p^2-1)+\omega_\mathrm{s}p=\frac{A}{D}\left(\left[\varphi(L_\mathrm{b})+\frac{D}{2}\varphi'(L_\mathrm{b})\right]\ddot{q}\right)\end{aligned}\right\}\quad(7-11)$$

其中：

$$\gamma=\frac{C_\mathrm{D}\rho_0DUL_0}{2}\left[\varphi(L_\mathrm{b})+\frac{D}{2}\varphi'(L_\mathrm{b})\right]^2$$

$$\alpha=C_{L0}\rho_0DU^2L_0\left[\varphi(L_\mathrm{b})+\frac{D}{2}\varphi'(L_\mathrm{b})\right]/4$$

$$\theta=\frac{d_{31}w_\mathrm{p}(h_\mathrm{p}+h_\mathrm{b})}{2}[\varphi'(x_1+L_\mathrm{p})-\varphi'(L_\mathrm{p})]$$

7.3　动态响应及实验验证

图 7.3 为涡激振动能量收集器的实验装置示意图。所提出的涡激振动能量收集器由压电梁和复合钝体组成。实验中弹性梁和钝体的材料分别为钢和聚苯乙烯泡沫，整个涡激振

动能量收集结构安装在低速风洞中，风洞材质为聚甲基丙烯酸甲酯(PMMA)，圆形截面直径为 400 mm，均匀的气流由风扇产生，并由调频器调节。来流速度通过风速计(GM8903，Bnetech)测量，其中交流频率 f 与风速 U 之间的内在关系表示为 $U=0.4f$。压电片 PVDF (LDT1-028K, Measurement Specialties)产生的电压由 4 通道混合域示波器(MDO 3024，Tektronix)测量。压电片 PVDF 的两个电极与电阻箱(MC-21-A，Shenzhen Mingcheng)并联。弹性梁、压电能量收集器、钝体的材料及尺寸见表 7.3。为了推断钝体截面对气动弹性能量收集性能的影响，先后对 O、ODO、ODODO 和 DOD 形 4 种钝体进行了仿真和实验，其中设定纯圆柱体(O 形)作为对照组。

表 7.3　弹性梁、压电能量收集器和钝体的材料及尺寸

参　数	弹性梁	压电片	钝　体
材料	钢	LDT1-028K	泡沫
长 L_b, L_p, L_0 /mm	182	41.4	90
宽 w_b, w_p /mm	20	16	
厚 h_b, h_p /mm	0.4	0.028	
直径 D/mm			45.75
质量密度 ρ_b, ρ_p /(kg·m^{-3})	7 800	5 440	31
杨氏模量 E_b, E_p /GPa	205	2～4	
e_{33} /(C·N^{-1})		23×10^{-12}	
d_{31} /(C·N^{-1})		-33×10^{-12}	

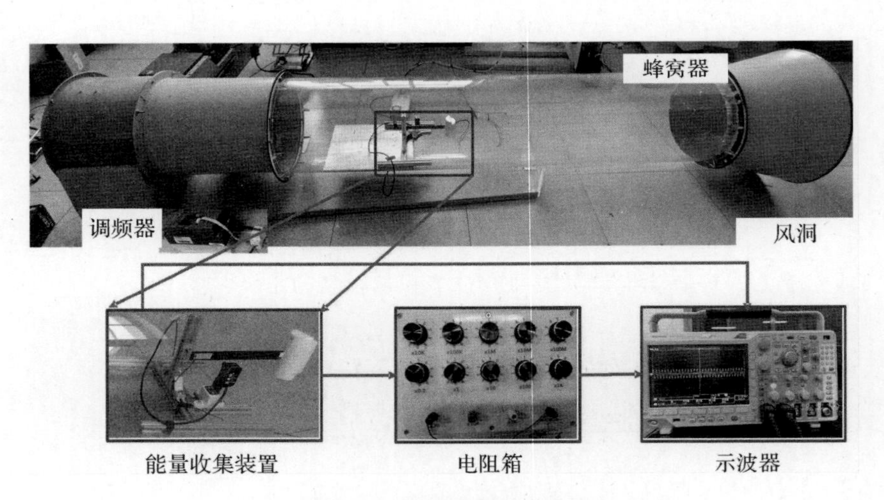

图 7.3　实验装置示意图

图 7.4 比较了 4 种钝体下的实验均方根(RMS)输出电压与仿真输出电压。风速由 1 m/s 增大到 6 m/s，间隔为 0.2 m/s。在 MATLAB 中利用 ode 45 求解器求解式(7-10)，得到仿真输出电压随风速变化的均方根。黑色虚线表示锁频范围的开始和结束，其他竖向虚线分别表示实验和仿真产生的最大电压输出所对应的临界风速。选择普通圆柱体

(O 形)开路电压输出作为对照组,并连接阻抗为 10 MΩ 的探头(TPP0250,Tektronix)。

在图 7.4(a)中,普通圆柱体(O 形)的涡激振动能量收集器在 1.6～3.2 m/s 风速范围内发生锁频。在此范围内,系统可以产生 4.832 V 的最大电压,但超过涡激振动的范围时,振动响应将会被抑制。总体来说,该模型可以很好地预测涡激振动范围,特别是在起始风速和峰值电压都与实验结果一致时。然而由于尾流振子模型的精度问题,当流速大于 3 m/s 时,经验模型与实验测量值之间会出现差异。与普通圆柱体(O 形)相比,ODO 形钝体将锁频风速范围缩小到 1.6 ～2.8 m/s,如图 7.4(b)所示,当风速达到 U=2.6 m/s 时,系统响应开始下降。但实验和仿真的最大均方根电压值比普通 O 形钝体分别提高了 17.6%和 11.8%。如图 7.4(c)(d)所示,对于 ODODO 和 DOD 钝体,涡激振动能量收集器的电压响应将得到大幅度提高,产生了较宽的风速锁频范围和最大 RMS 电压。特别是对于 DOD 形钝体,实验产生的 RMS 电压随着风速的增加而均匀增加,在 U=3.4 m/s 时达到最大值 6.832 V,与 O 形钝体输出电压(4.832 V)相比增加了约 41%。此外 DOD 形钝体的工作范围为 1.4～4m /s,有效风速范围比 O 形钝体增加了 62.5%。总体来说,理论模型可以正确估计复合钝体涡激振动能量收集器的实验结果。然而,误差的出现可能是由于以下因素:一方面,单模态假设可用于估计带有尖端质量的悬臂梁的响应,而对于附着复合钝体的弹性梁,考虑单模态近似性不足以获得良好的一致性。另一方面,模拟中所得到的钝体上的气动力是根据经验获得,无法反映风洞实验中真实的流动环境。

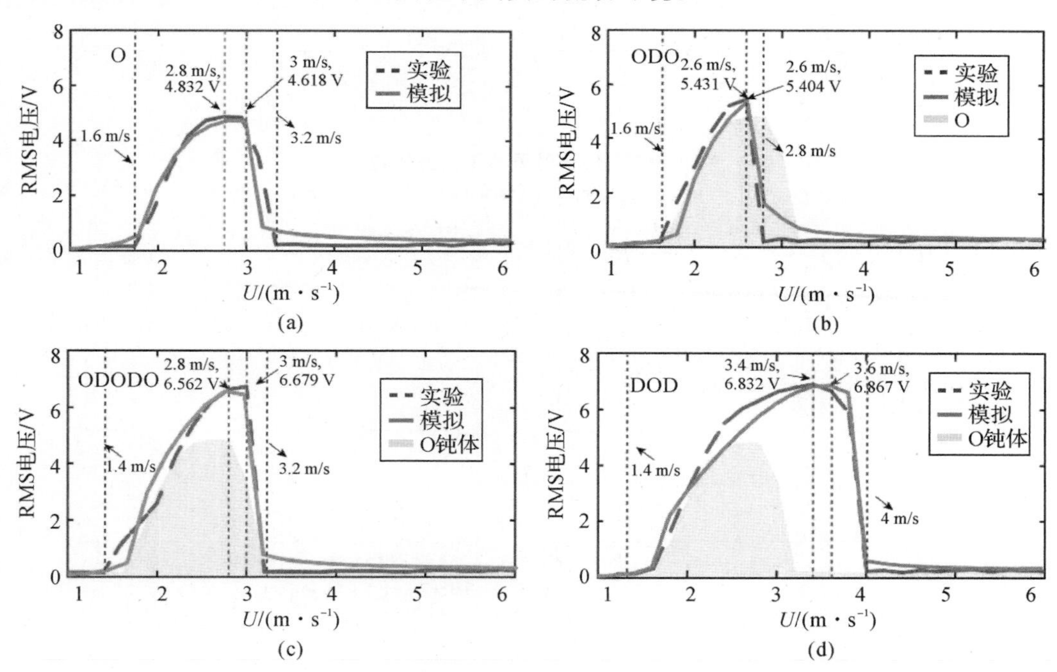

图 7.4　开路条件下实验电压与模拟电压与风速的比较

(a)O 钝体结构; (b) ODOO; (c) ODODO 钝体结构; (d) DOD 钝体结构

图 7.5 和图 7.6 显示了实验和仿真的时域电压响应对比。当来流风速为 2.2 m/s 时,此时 4 种钝体能量收集器都处于锁频区域,实验与仿真均表现出周期性响应,实验与仿真的结果吻合较好(仿真与实验的最大相对误差为 14.08%)。当风速增加到 3.4 m/s 时,风速刚好在

O、ODO、ODODO 配置的后同步范围内，因此这 3 种钝体产生的电压响应受到限制。而具有复合型 DOD 钝体的能量收集装置具有较宽的锁频范围和较大的输出电压，性能明显优于其他 3 种情况。需要注意的是，图 7.6(a)(b)(c)所示仿真结果与实验结果在锁频后区域存在较大差异，出现这种差异是由于 CFD 模拟无法准确揭示钝体的空气动力学特性。此外，在实验测试过程中可能存在一些误差，如风洞中的湍流效应等将导致一系列无法避免的误差。

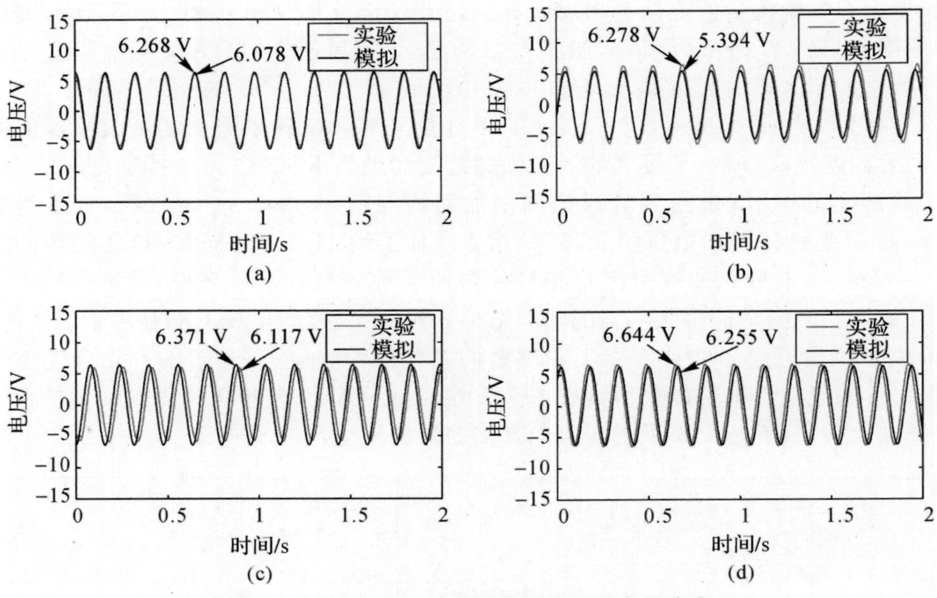

图 7.5　$U=2.2$ m/s 时风速下的开路电压响应

(a) O 结构；(b) ODO 结构；(c) ODODO 结构；(d) DOD 结构。

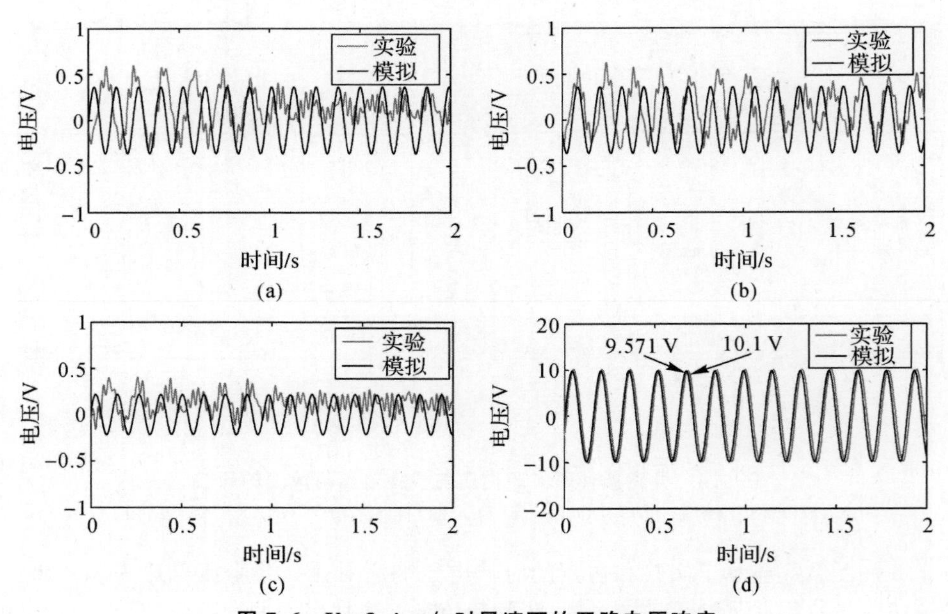

图 7.6　$U=3.4$ m/s 时风速下的开路电压响应

(a) O 结构；(b) ODO 结构；(c) ODODO 结构；(d) DOD 结构

为了直观展示输出功率和电阻之间的关系，图 7.7 分别给出了 $U=2.6$ m/s 和 $U=3.6$ m/s 时的均方根(RMS)电压和功率与电阻的关系。平均功率由式 $P=V_{\mathrm{rms}}^2/R$ 获得，V_{rms} 表示在相应的电阻 R 下的均方根电压。负载电阻通过电阻箱实现从 0.1～50 MΩ 变化。在 $U=2.6$ m/s 时，4 种钝体的输出电压先随电阻的增大而增大，在 35 MΩ 时都达到饱和状态。从图 7.7(b)中可以清楚地看出，存在 $R=4.5$ MΩ 的最优值，此时收获的功率达到最大值。在最优电阻 R=4.5 MΩ 时，ODODO 形状产生的电压和功率可分别达到 5.793 V 和 0.599 μW。超出此最佳负载电阻范围，产生的功率将急速下降。当风速达到 $U=3.6$ m/s 时，DOD 形钝体的输出电压明显优于其他钝体，在 $R=4.5$ MΩ 时，最大发电量达到 1.424 μW。实际上，由于风速的操作范围较窄，情况 O、ODO 和 ODODO 的输出电压相对较小。对比结果表明，DOD 形状的钝体在提高均方根电压和扩大锁频区域范围方面具有优势。

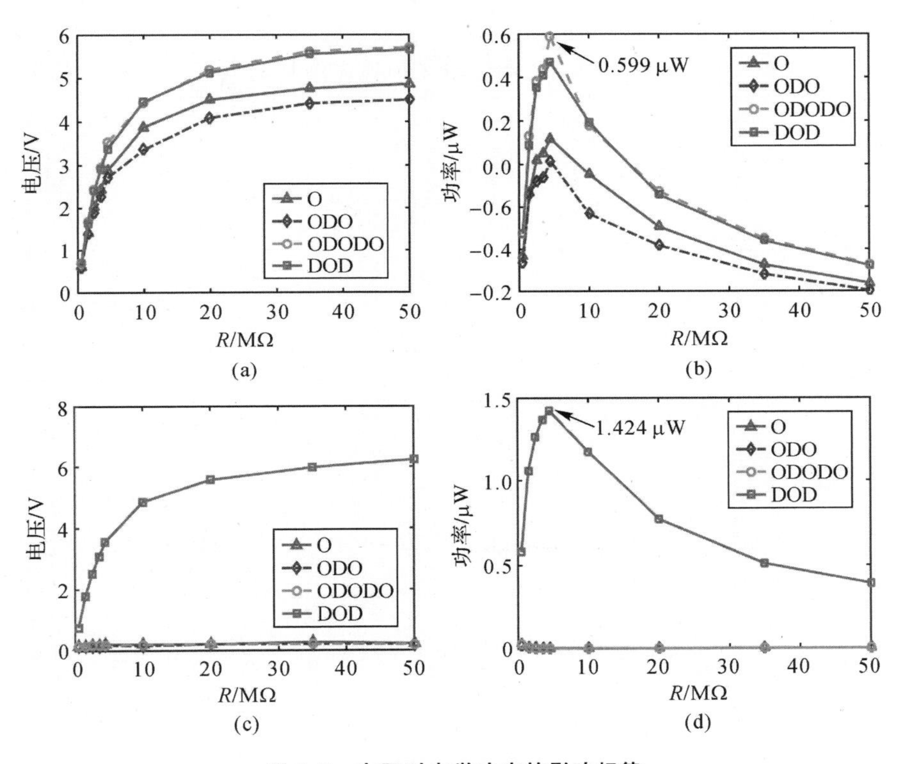

图 7.7　电阻对电学响应的影响规律

(a)$U=2.6$ m/s 时 RMS 输出电压；(b)$U=2.6$ m/s 时平均功率；

(c)$U=3.6$ m/s 时 RMS 输出电压和；(d)$U=3.6$ m/s 时平均功率

气动阻尼可以部分地解释复合钝体对涡激振动的抑制和提升效果。表 7.4 给出了风速 $U=0$ m/s 和 $U=4.2$ m/s 来流情况下的阻尼比，选择这两种风速是为了在自由振动和锁频后区域实现振幅的衰减。阻尼比可由振动实验衰减曲线确定，自然周期和频率可以通过测量数据信号进行短时傅里叶变换获得。将实验样机置于低速风洞中进行自由衰减实验，弹性梁的初始位移和初始速度分别为 0.02 m 和 0 m/s。其中初始位移由电磁装置固定，并由激光位移传感器测量。

表 7.4 还给出了 $U=0$ m/s 和 $U=4.2$ m/s 时的实验固有频率，数据收集的采样频率为 10^6 Hz。在自由振动条件下，传统带有圆柱钝体的涡激振动能量收集器的固有频率为 7.6 Hz，由于钝体质量较小，ODO、ODODO 和 DOD 结构涡激振动能量收集器的固有频率为 7.8 Hz。如图 7.8 所示，在 $U=0$ m/s 时，4 种钝体之间的振幅衰减相差不大。结果表明，气动力对耦合频率和阻尼都有显著影响。当风速增大到 $U=4.2$ m/s 时，4 种钝体都处于后锁频区域，在气动载荷的影响下，4 种钝体的耦合频率都略有增加，O、ODODO 和 DOD 构型的振动响应衰减速率都较慢。与 $U=0$ m/s 时相比，形状 O、ODODO 和 DOD 的衰减曲线幅值均有不同程度的增大，而 ODO 钝体的衰减曲线峰值下降更为明显，因此消耗的动能较多，转换出的电能较少。相比之下，DOD 形状钝体在后同步区域的气动阻尼的消耗效应最弱，因此可以将更多的动能转化为电能。表 7.4 给出 $U=0$ m/s 和 $U=4.2$ m/s 时 4 种钝体结构的固有频率和阻尼比。

表 7.4　$U=0$ m/s 和 $U=4.2$ m/s 时 4 种钝体结构的固有频率和阻尼比

	$U=0$ m/s		$U=4.2$ m/s	
钝体形状	固有频率/Hz	阻尼比 ξ	耦合频率/Hz	阻尼比 ξ
O	7.6	0.015 6	7.7	0.012 4
ODO	7.8	0.015 4	8.0	0.015 9
ODODO	7.8	0.015 7	8.0	0.013 6
DOD	7.8	0.014 6	7.9	0.007 9

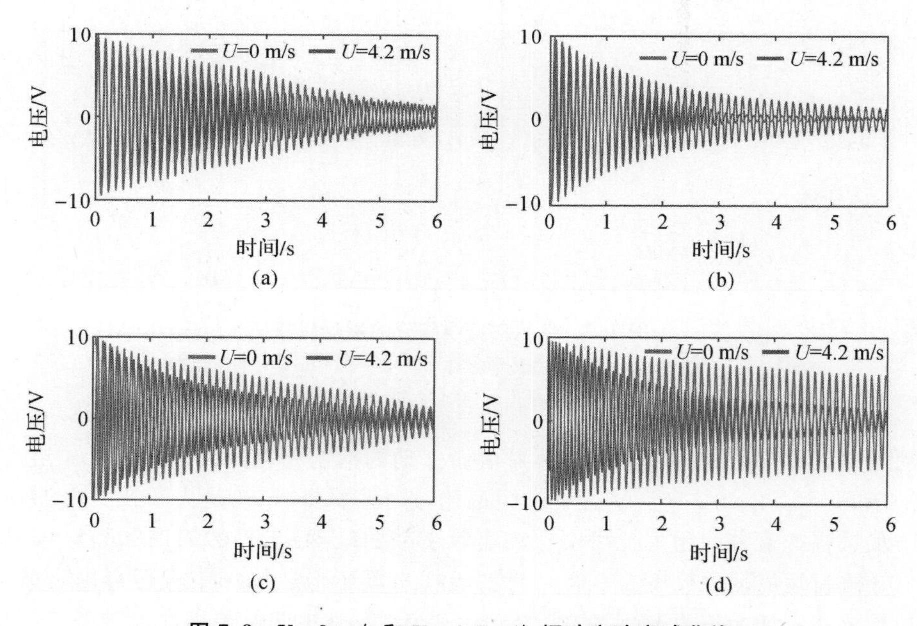

图 7.8　$U=0$ m/s 和 $U=4.2$ m/s 振动实验衰减曲线

(a) O 结构；(b) ODO 结构；(c) ODODO 结构；(d) DOD 结构

D形圆柱体对边界层的扰动是DOD形钝体呈现涡激振动优异性能的原因之一。复合钝体排列方式的改变会导致气动力发生剧烈变化，为了进一步探究这种振动衰减产生的机理，基于晶格玻尔兹曼方法在XFlow软件上展开一系列的计算流体动力学仿真。图7.9(a)～图7.9(d)给出了在风速等于$U=1.2$ m/s时的升力、阻力和St。将这些结果代入控制方程[见式(7-10)]来进行仿真。从图7.9中可知DOD和ODODO形钝体的St值比常规的O形钝体值要更小，而ODO形钝体的St值比常规O形钝体的值要更大。由于St可以通过定义式$St=f_sD/U$给出，这表明随风速增大涡激振动响应频率不断上升。当风速上升的时候，St变得更大，这表明涡激振动响应频率逐渐接近了谐振频率。因此DOD和ODODO形更小的St可以扩宽锁频范围，增大涡激振动幅值，而ODO形钝体具有更大的St，可以减小工作风速范围。

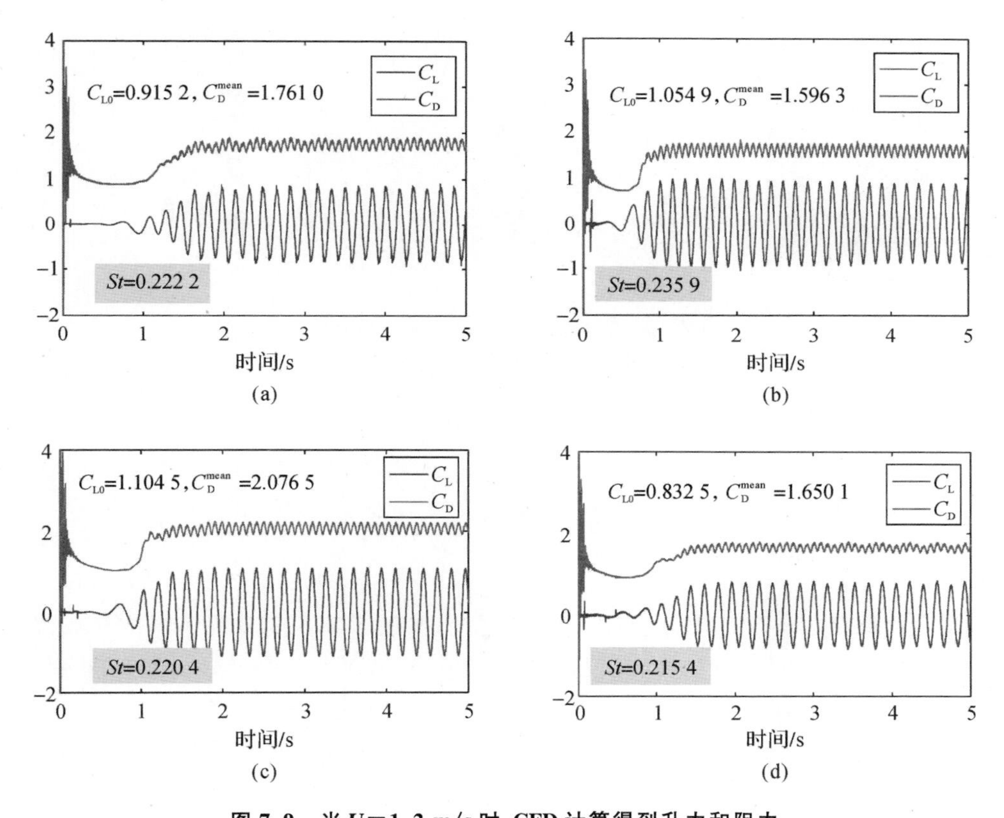

图7.9　当$U=1.2$ m/s时，CFD计算得到升力和阻力

(a) O结构；(b) ODO结构；(c) ODODO结构；(d) DOD结构

图7.10为$U=3$ m/s时的涡量、总压力和流速矢量图，揭示了复合钝体对气动性能的影响。结果表明，复合钝体使尾流速度变化更为剧烈。在钝体尾迹区，DOD和ODODO两种构型均能产生较高的流速，更快的边界层分离速度有助于提高湍流能量强度，从而获得更大的气动载荷和更好的能量收集性能。而ODO形钝体后尾流速度较低，湍流能量强度受到限制，总压力增大。因此，ODO形钝体的涡激振动响应将受到一定程度的抑制。

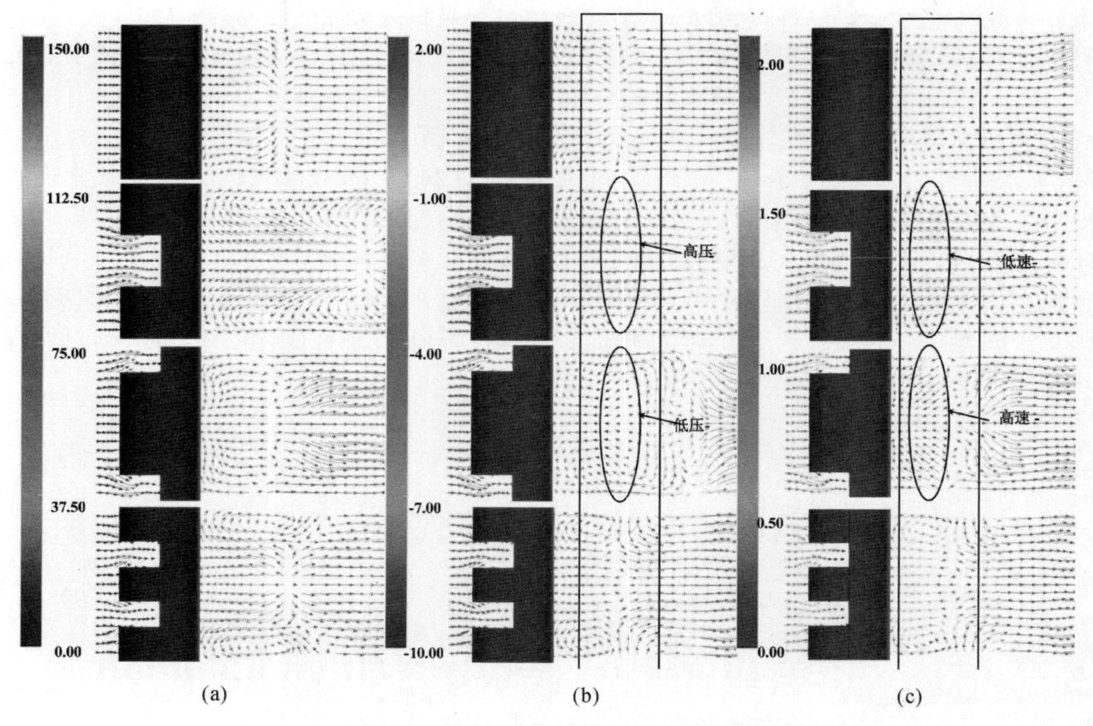

图 7.10 四种复合钝体的二维流场矢量图

(a)涡量； (b)总压力； (c)速度。

7.4 结　　论

本章全面研究了复合钝体对于涡激振动能量收集的影响。复合钝体由两种截面(O形和D形)的棱柱依次叠加而成。根据数量和摆放顺序，提出并比较了4种形式复合钝体的涡激振动能量收集装置。

风洞实验测试结果显示复合钝体有两种功效——涡激振动增强和振动抑制。相较于典型的钝体，DOD形和ODODO形钝体的锁频范围分别提高了62.5%和12.5%。此外，DOD形和ODODO形涡激振动能量收集装置的最大输出电压可分别提高41.4%和38.2%。然而ODO形钝体的设计结果表明，该钝体将会抑制涡激振动并且会减少25%的锁频区域。

该研究结果可以用计算流体动力学来解释。在锁频区域之后，DOD形的周围气动载荷将降低结构的阻尼效应。从速度矢量图来看，通过调整体空间截面的序列，相应的能量收集装置的空气动力特性也会有巨大变化，DOD形和ODODO形钝体会引起流域内的更高流速，而ODO形会在钝体后方形成低速的涡流。因此DOD形和ODODO形钝体结构可以诱发更强的空气载荷作用，能提高能量收集装置在低流速情况下的工作效率。

第8章 基于条状修饰物钝体的风致振动动态响应及能量收集特性研究

8.1 引　　言

为提升流致振动能量收集系统的性能,研究者们提出了一系列的钝体优化策略。作为影响气动特性的关键因素,钝体结构的空间排列受到了极大关注。例如,在圆柱体表面安装修饰物来控制流致振动,这种方法称为被动湍流控制(Passive Turbulence Control, PTC)。Hu 等人和 Ding 等人研究了具有圆形、三角形、正方形截面和带有对称小鳍形杆状修饰物的风致振动压电能量收集系统。结果表明,外部修饰物附件的形状和位置对性能有显著影响,可以提升振动响应和能量收集效率。章大海等人对粗糙非对称修饰物的圆柱流致振动进行了数值模拟,发现带有非对称的修饰物在涡激振动的上分支有更大的能量输出。Wang 等人系统研究了修饰物夹角和厚度对流致振动的作用,优化了以上两种因素,提高了能量收集性能。Wang 等人将超表面结构应用于钝体设计,以提高压电能量收集系统的效率。与典型的驰振或涡激振动压电能量收集系统相比,该压电能量收集系统的最大振动位移和输出电压均显著增加。

尽管先前的研究已经证明,添加不同修饰物的复合钝体可以提升系统的能量收集性能。然而,有关长方体钝体上修饰物的位置和尺寸对能量收集性能影响的研究有限。本章将系统研究修饰物的安装位置和尺寸对压电能量收集系统的影响规律。应用广义欧拉-拉格朗日函数建立压电能量收集系统的流-固-电耦合的分布式参数模型,并将理论结果与实验结果进行比较,验证数学模型的正确性。同时,开展风洞实验和构建 CFD 模拟,用于研究系统的动态响应,分析修饰物的位置和尺寸的影响,并揭示相关的内在机理。

8.2 概念设计和建模

8.2.1 结构提出

图 8.1 展示了所提出的风致振动压电能量收集系统的三维示意图,包括 1 个悬臂梁、1 个压电片和具有不同截面的钝体。钝体截面包括方形截面 (S) 以及根据修饰物的位置设计的 3 种复合钝体。根据安装修饰物的位置(柱体侧面的前、中和后),可将这些复合钝体分

别标记为S－F、S－M和S－B。如果风速大于切入风速，由横向气动载荷产生的负阻尼力会使钝体不稳定，从而带动悬臂梁发生变形，悬臂梁的弯曲应变能通过压电传感器转化为电能。在这项工作中，复合钝体包括一个方柱和两个矩形截面的修饰物。D_B 和 H 分别是钝体的宽度和高度，d 和 h 分别是装饰物的宽度和高度。L_S 和 W_p 分别是悬臂式压电梁的长度和宽度。压电传感器尺寸为 41.40 mm×16.00 mm×0.028 mm，被粘贴在悬臂梁的固定端附近。

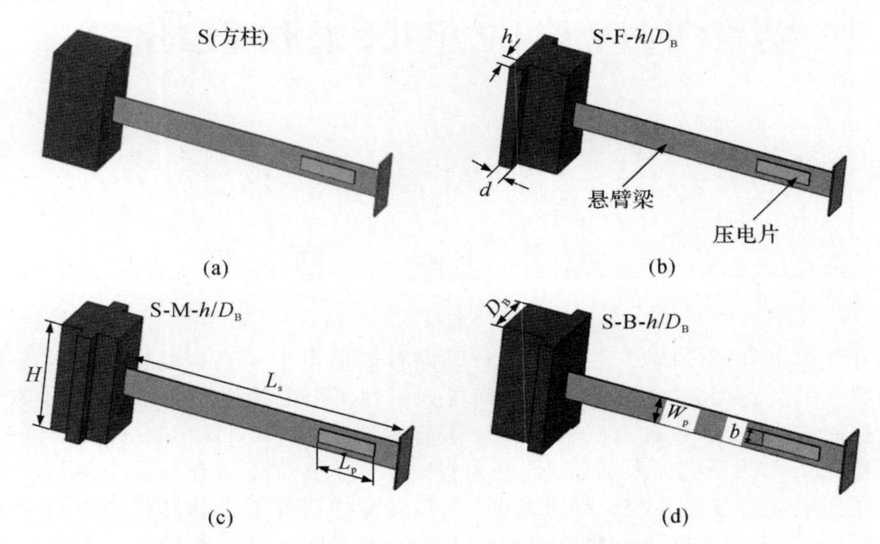

图 8.1　带有不同修饰物的压电能量收集系统示意图

(a) S；(b) S－F；(c) S－M；(d) S－B

钝体的气动布局会随着钝体截面而变化，为了定量研究修饰物高度对系统的影响，选择将修饰物高度与直径之比作为度量标准，即 h/D_B，并在表 8.1 中展示了实验钝体的所有横截面。参数 h/D_B 从 0.125 变化到 0.5，间隔为 0.125。为了更清楚地对所提出结构的性能进行表征，S（$h/D_B=0$）作为实验对照组给出，同时，本研究通过理论模型和风洞实验，对系统的动态响应和性能进行了全面研究。

表 8.1　实验钝体的所有横截面

	钝体截面				$h/D_B=0$
	$h/D_B=0.125$	$h/D_B=0.25$	$h/D_B=0.375$	$h/D_B=0.5$	
S-F					方形钝体截面
S-M					
S-B					(S)

8.2.2　理论模型

为了更深入地了解该系统的流固耦合振动特性，验证实验结果和 CFD 的可靠性。利用欧拉-拉格朗日方程建立了压电能量收集系统的流-固-电耦合模型，该理论模型的物理量和含义见表 8.2。

表 8.2　流-固-电耦合模型的物理量和含义

物理量	含义
T	系统总动能
U_P	系统总势能
δW	系统总虚功
V_S ，V_P	悬臂梁与压电片的体积
ρ_S ，ρ_P	悬臂梁与压电片的密度
M_B ，D_B ，I_B	钝体的质量、直径与转动惯量
L_S	悬臂梁的长度
σ_S ，ε_S	悬臂梁的应力与应变
σ_P ，ε_P	压电片的应力与应变
E	电场强度
$\mathbf{D}_3$	电位移矢量
C_S	悬臂梁的结构阻尼
R	负载电阻
Q	压电片产生的电荷量
A_S ，A_P	悬臂梁与压电片的截面面积
$E_S I_S$ ，$E_P I_P$	悬臂梁与压电片的抗弯刚度
e_{31} ，d_{31}	压电片的应力应变系数
h_S ，h_P	悬臂梁与压电片的厚度
b	压电片宽度
ε_{33}	介电常数
ρ	空气密度
H	钝体高度

压电能量收集系统的总动能 T、势能 U_P 和虚功 δW 表示为

$$T = \frac{1}{2}\int_{V_S}\rho_S \cdot \dot{w}(x,t)^2 dV_S + \frac{1}{2}\int_{V_P}\rho_P \cdot \dot{w}(x,t)^2 dV_P + \frac{1}{2}M_B\left[\dot{w}(L_S,t)+\frac{D_B}{2}\dot{w}'(L_S,t)\right]^2 + \frac{1}{2}I_B[\dot{w}'(L_S,t)]^2 \tag{8-1}$$

$$U_P = \frac{1}{2}\int_{V_S}\sigma_S \cdot \varepsilon_S dV_S + \frac{1}{2}\int_{V_P}\sigma_P \cdot \varepsilon_P dV_P + \frac{1}{2}\int_{V_P} E \cdot D_3 dV_P \tag{8-2}$$

$$\delta W = -\int_0^{L_S} C_S \cdot \dot{w}(x,t) \cdot \delta w(x,t)dx - R \cdot \dot{Q} \cdot \delta Q + F_{\text{galloping}} \cdot \delta\left[w(L_S,t) + \frac{D_B \cdot w(L_S,t)}{2}\right] \tag{8-3}$$

式中：$w(x,t)$ 为悬臂梁在坐标 x 和时间点 t 相对于初始位置的位移。“ • ”和“ ′ ”分别表示对时间 t 和坐标 x 的偏导数函数。

$F_{\text{galloping}}$ 为空气动力横向力，可表示为

$$F_{\text{galloping}} = \frac{1}{2}\rho \cdot U^2 \cdot D_B \cdot H \cdot C_{Fy} \tag{8-4}$$

$$C_{Fy} = \sum_{i=1}^{3} A_i \left(\frac{\dot{q}_1}{U}\right)^i \tag{8-5}$$

式中：U 为风速；C_{Fy} 为气动力系数；A_i 为与驰振相关的气动力系数。

本书认为，对于上述系统，系统的响应主要由一阶模态主导。因此，系统位移可表示为 $w(x,t) = w_1(x,t) = \Phi_1(x) \cdot q_1(t)$，$q_1(t)$ 和 $\Phi_1(x)$ 分别为一阶模态坐标和一阶模态振型函数。归一化条件可表示为 $\Phi_1(L_S) + \frac{D_B \cdot \Phi'_1(L_S)}{2} = 1$。将一阶模态代入式(8-1)～式(8-3)，可改写为

$$T = \frac{1}{2}\rho_S \cdot A_S \int_0^{L_S} \Phi_1^2(x) \cdot \dot{q}_1^2(t)dx + \frac{1}{2}\rho_P \cdot A_P \int_0^{L_P} \Phi_1^2(x) \cdot \dot{q}_1^2(t)dx + \frac{1}{2}M_B\left[\Phi_1(L_S) \cdot \dot{q}_1(t) + \frac{D_B}{2}\Phi'_1(L_S) \cdot \dot{q}_1(t)\right]^2 + \frac{1}{2}I_B[\Phi'_1(L_S)\dot{q}_1(t))]^2 \tag{8-6}$$

$$U_P = \frac{1}{2}E_S I_S \int_0^{L_S} \Phi''^2_1(x) \cdot q_1^2(t)dx + \frac{1}{2}E_P I_P \int_0^{L_P} \Phi''^2_1(x) \cdot q_1^2(t)dx - \frac{1}{2}e_{31} \cdot V(t) \cdot (h_S + h_P) \cdot b \cdot \Phi'_1(L_P) \cdot q_1(t) - \frac{1}{2h_P}\varepsilon_{33} \cdot L_P \cdot b \cdot V(t)^2 \tag{8-7}$$

$$\delta W = -\int_0^{L_S} C_S \cdot \Phi_1(x) \cdot \dot{q}_1(t) \cdot \delta[\Phi_1(x) \cdot q_1(t)]dx - R \cdot \dot{Q} \cdot \delta Q + F_{\text{galloping}} \cdot \delta\left[\Phi_1(L_S) \cdot q_1(t) + \frac{D_B \cdot \Phi'_1(L_S) \cdot q_1(t)}{2}\right] \tag{8-8}$$

式中：e_{31} 为压电片的应力系数，定义为 $e_{31} = d_{31} \cdot E_P$，$d_{31}$ 为压电片的应变系数。

通过欧拉-拉格朗日方程得到系统的振动控制方程为

$$\frac{\partial}{\partial t}\left(\frac{\partial L}{\partial \dot{q}_1}\right) - \frac{\partial L}{\partial q_1} = \frac{\partial W}{\partial q_1} \tag{8-9}$$

$$\frac{\partial}{\partial t}\left(\frac{\partial L}{\partial \dot{V}}\right)-\frac{\partial L}{\partial V}=\frac{V}{R} \tag{8-10}$$

由式(8－6)～式(8－10)可知,压电能量收集系统的控制方程为

$$M_{\mathrm{eff}}\cdot \ddot{q}_1(t)+C_{\mathrm{eff}}\cdot \dot{q}_1(t)+K_{\mathrm{eff}}\cdot q_1(t)-\Theta\cdot V(t)=F_{\mathrm{galloping}} \tag{8-11}$$

$$C_P\cdot \dot{V}(t)+\frac{V(t)}{R}-\Theta\cdot \dot{q}_1(t)=0 \tag{8-12}$$

控制方程的系数可表示为

$$M_{\mathrm{eff}}=\rho_{\mathrm{S}}A_{\mathrm{S}}\int_0^{L_{\mathrm{S}}}\Phi_1^2(x)\mathrm{d}x+\rho_{\mathrm{P}}A_{\mathrm{P}}\int_0^{L_{\mathrm{P}}}\Phi_1^2(x)\mathrm{d}x$$

$$+M_{\mathrm{B}}\cdot\left[\Phi_1^2(L_{\mathrm{S}})+\Phi_1(L_{\mathrm{S}})\cdot D_{\mathrm{B}}\cdot\Phi'_1(L_{\mathrm{S}})+\frac{1}{4}D_{\mathrm{B}}^2\cdot\Phi'^2_1(L_{\mathrm{S}})\right]+I_B\Phi'^2_1(L_{\mathrm{S}}) \tag{8-13}$$

$$C_{\mathrm{eff}}=\int_0^{L_{\mathrm{S}}}C_{\mathrm{S}}\Phi_1^2(x)\mathrm{d}x \tag{8-14}$$

$$K_{\mathrm{eff}}=E_{\mathrm{S}}I_{\mathrm{S}}\int_0^{L_{\mathrm{S}}}\Phi''^2_1(x)\mathrm{d}x+E_{\mathrm{P}}I_{\mathrm{P}}\int_0^{L_{\mathrm{P}}}\Phi''^2_1(x)\mathrm{d}x \tag{8-15}$$

$$\Theta=\frac{1}{2}e_{31}(h_{\mathrm{S}}+h_{\mathrm{P}})b\cdot\Phi'_1(L_{\mathrm{P}}) \tag{8-16}$$

8.2.3　CFD 模拟

钝体截面对气动力影响的内在物理机理可以通过三维计算流体动力学（3D－CFD）来解释。在接下来的工作中,本书通过 XFlow 软件进行了一系列 CFD 模拟,这是一种基于格子玻尔兹曼方法的商业平台软件。长方体钝体和装饰物的几何参数分别为 80 mm×40 mm×40 mm 和80 mm×10 mm×10 mm。

在本书中,虚拟风洞计算域为尺寸为 $35D_{\mathrm{B}}\times 17.5D_{\mathrm{B}}\times 2D_{\mathrm{B}}$ 的长方体,如图 8.2(a) 所示。钝体放置在虚拟风洞迎风侧的中心轴上,钝体中心距离左右边界的距离分别为 $5D_{\mathrm{B}}$ 和 $30D_{\mathrm{B}}$ 。左右边界设为流动入口和流动出口,其余边界设为对称边界,钝体表面设置为无滑移壁面。

选择外部单相流作为流动模型,采用三维不可压缩模型进行模拟。温度设置为常数 288.15 K。选择内置的 Smagorinsky 湍流模型进行湍流模拟,该模型在计算钝体气动力特性时具有较高的精度,其中 C_{S} 设置为 0.12。时间步长模式设置为固定、自动,钝体附近晶格密度比全局流域密度高 4 倍。来流风速的参数值设置如下:相对分子质量为 28.966 u,流体密度和动力黏度分别设置为 1.225 kg/m^3 和 1.789 4×10^{-5} Pa·s。图 8.2(b)展示了分别使用稀疏、适中数和精细 3 种不同格子尺寸计算的阻力系数（ C_{D} ）的时间域响应,进行了格子疏密无关性验证,具体选择了 393 292、1 251 840 和 2 950 506 三种格子数,表 8.3 中列出了升力系数（ C_{Lrms} ）的均方根（RMS）值和阻力系数（ C_{D} ）的均值。观察到对于中等和细晶格尺寸,C_{Lrms} 和 C_{D} 的计算结果是收敛的,并且差异很小。因此,考虑计算效率和成本,在以下模拟中选择格子数为 1 251 840,如图 8.2(c)所示,通过 CFD 给出了 S 钝体气动力系数的识别结果。使用三阶多项式对气动力系数与攻角进行非线性拟合,得到了驰振力系数（ $A_1=1.1$, $A_3=-16$ ）。

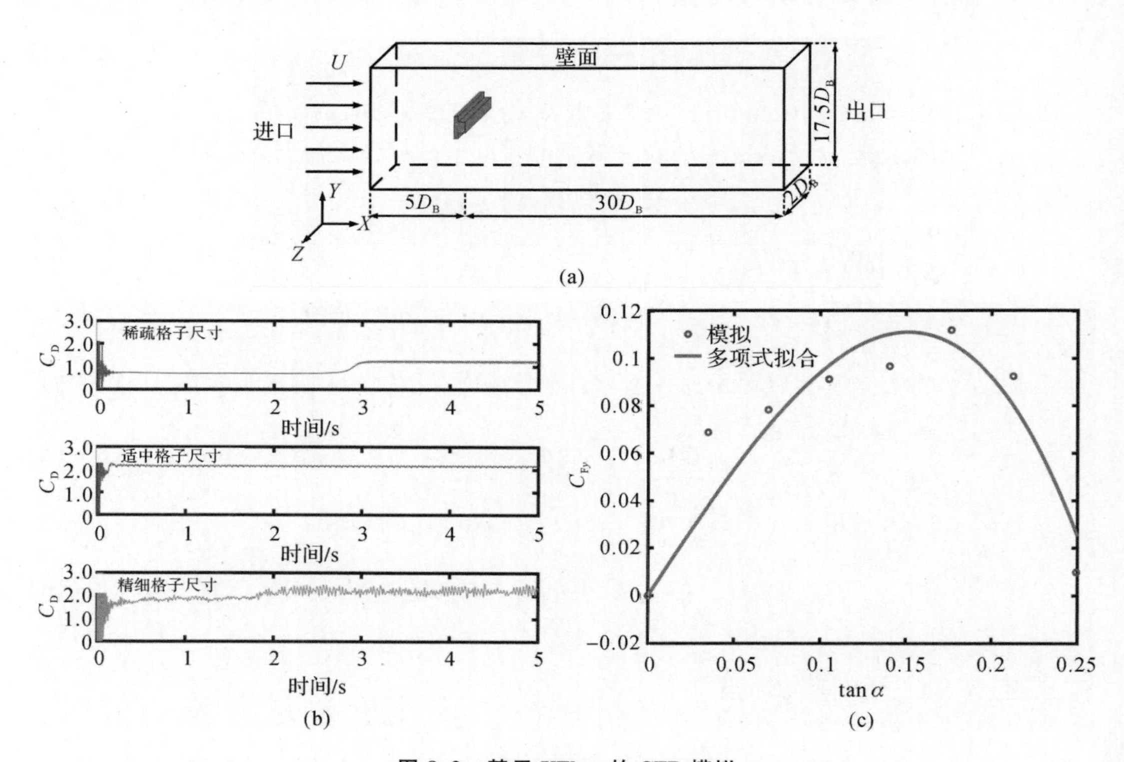

图 8.2　基于 XFlow 的 CFD 模拟

(a) 计算域示意图；（b）阻力系数（C_D）的时域响应；（c）S 在不同迎角下的气动力

表 8.3　具有不同晶格数的 C_{Lrms} 和 C_D

格子质量	稀疏	适中	精细
C_D	1.214 013	2.153 02	2.190 439
C_{Lrms}	0.412 506	1.004 817	0.982 271
格子数	393 292	1 251 840	2 950 506

8.3　模型的数值验证

为了验证理论模型的准确性，本书开展了上述气动弹性压电能量收集系统风洞实验，风洞实验的实验平台如图 8.3 所示。风洞由丙烯酸材料制成，使用铝蜂窝结构来稳定风扇产生的气流，风洞的使用风速范围为 0～25 m/s，实验段的直径为 400 mm。通过频率调节器来控制风扇的转速以调节空气流入速度。风速和频率之间的关系可以表示为 $U = f/4$（其中 U 是流入速度，f 是风扇的角频率）。来流速度由风速计（Bnetech，GM8903）测量。由 PVDF（LDT1028 K，Measurement Specialties）产生的电压由示波器（MDO 3024，Tektronix）测量。高阻抗探头（TPP0250，Tektronix）的电阻为 10 MΩ。激光位移传感器

(HG－C1100－C，Panasonic)用于测量弹性梁的位移。压电传感器、钝体和梁的材料和尺寸参数见表 8.4，在风洞实验中，所有实验数据都记录了 40 s，长度为 10^6 点，以确保稳态响应的准确性。

表 8.4　弹性梁、压电传感器和钝体的材料和尺寸参数

物理特性	梁	压电传感器	钝头体
D_B /mm			40
h_S /mm	0.5	0.028	
ρ_S /(kg·m^{-3})	7 850	5 440	
L_S /mm	183		
L_P /mm		41.40	
H/mm			80
b/mm	20		
W_P /mm		16	
d_{31} /(C·N^{-1})		-23×10^{-12}	
d_{33} /(C·N^{-1})		33×10^{-12}	
d/mm			10
E_S /GPa	205	2～4	

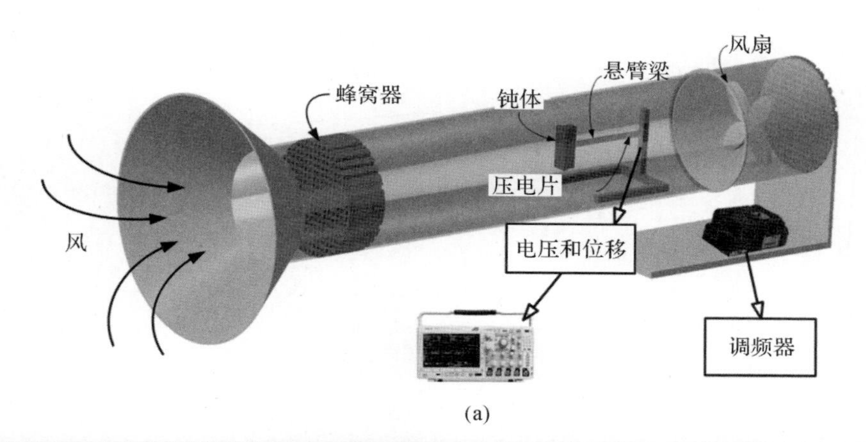

(a)

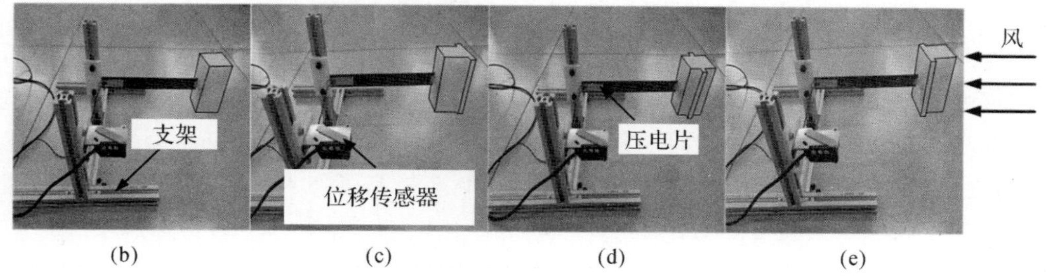

(b)　(c)　(d)　(e)

图 8.3　实验平台及物理模型示意图

(a)风洞实验平台示意图；(b) S　(c) S－F－0.25；(d) S－M－0.25；(e) S－B－0.25

对S和S-F结构的模拟结果进行验证，模拟结果与S的实验结果表现出良好的一致性。如图8.4 (a)(b) 所示，模拟的临界风速为2.4 m/s，与实验结果相同。然而，在$U=$5 m/s处存在小误差。为了定量显示该误差，图8.4(c) 给出了时域响应，最大相对误差为12.99%。除了自激振动外，还进行了自由衰减实验。如图8.4(d) 所示，数值结果在频率上与实验数据吻合良好，但在衰减率上存在微小误差。图8.4(e) 呈现了频域的比较结果，模拟和自由衰减实验测得的频率均为7.25 Hz，而时域响应的振动频率误差约为3%。需要说明的是，实验结果中除了主频率外，还在多个频率上表现出了峰值，因为建模过程中只选择了单一模态，因此模拟结果仅捕捉了第一阶响应动力学。由于悬臂式风致振动压电能量收集系统的振动模态以第一阶模态为主，因此本书所提出数学模型的准确性可以得到验证，并且可以作为一种可靠的方法来预测系统的动态响应。

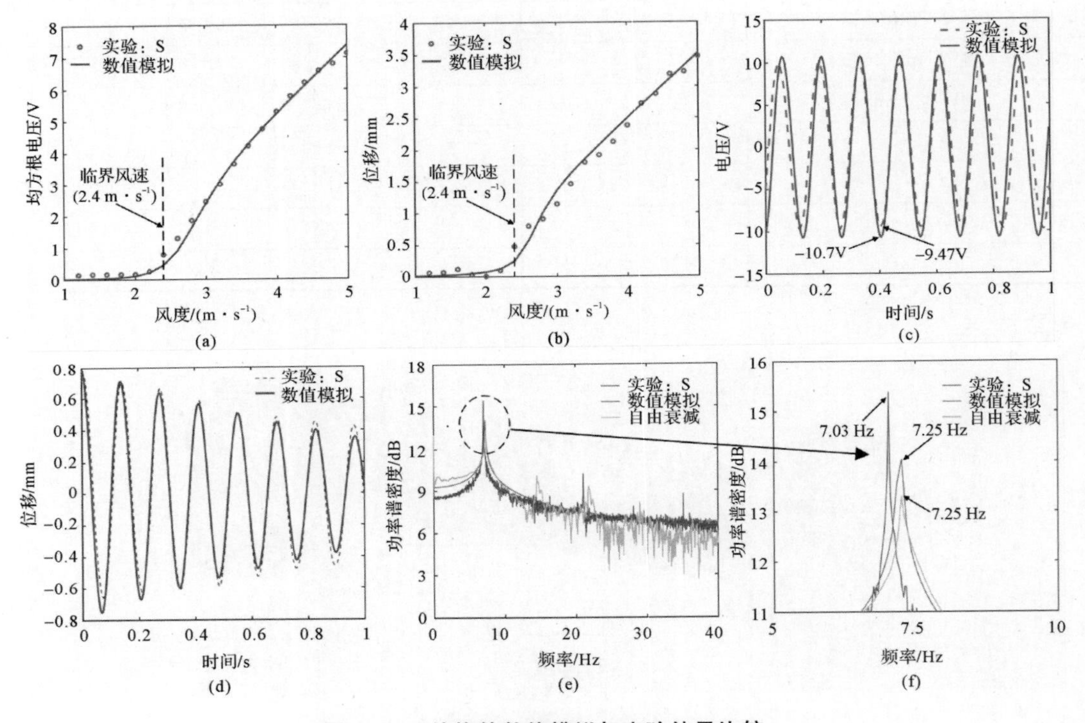

图8.4　S结构的数值模拟与实验结果比较

(a) 均方根输出电压随风速变化曲线；(b) 梁根部最大位移随风速变化曲线；
(c) $U=5$ m/s时电压的时域响应；(d) 自由衰减实验的时域响应；(e) 3种情况下系统的频域响应

图8.5显示了S-F实验和模拟结果的比较，可以发现，在不同的h/D_B下，实验与模拟结果的临界风速具有良好的一致性。S-F-0.125、S-F-0.25和S-F-0.375在风速超过2.2 m/s时可以实现周期性运动。尽管S-F-0.5提高了切入风速，但其驰振响应随着风速变化的增长率最为显著。对于S-F-0.125、S-F-0.25、S-F-0.375和S-F-0.5，实验和模拟的均方根电压之间的最大相对误差分别为7.22%、9.82%、7.45%和11.63%，实验和模拟的最大位移之间的最大相对误差分别为9.51%、11.94%、8.54%和9.92%。

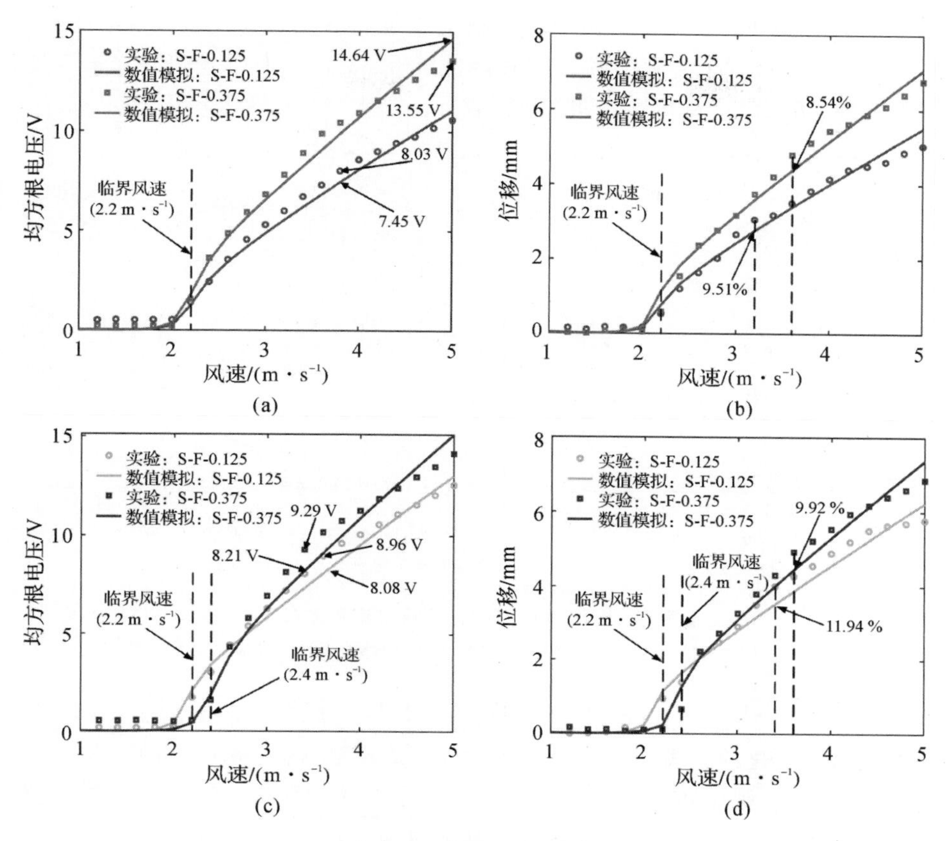

图 8.5　S－F 数值模拟与实验结果对比

(a) $h/D_B = 0.125$ 和 0.375 时均方根输出电压随风速变化曲线；(b) $h/D_B = 0.125$ 和 0.37 时梁根部最大位移随风速变化曲线；(c) $h/D_B = 0.25$ 和 0.5 时均方根输出电压随风速变化曲线；(d) $h/D_B = 0.25$ 和 0.5 时梁根部最大位移随风速变化曲线

8.4　结果与讨论

8.4.1　不同安装位置的影响

图 8.6 展示了在 $h/D_B = 0.125$ 的情况下，修饰物在不同安装位置下均方根输出电压(V_{rms})以及梁根部最大位移的一系列比较。从均方根输出电压和最大位移曲线可以明显看出，3 种复合钝体的动力学响应都随着风速的增大而上升，并表现出典型的驰振特性。与 S 结构钝体相比，所提出的 S－F－0.125 和 S－M－0.125 钝体结构可以显著提高实验风速范围内的输出电压。特别是在风速 $U = 3.6$ m/s 时，S－M－0.125 结构的均方根电压比 S 结

构大 104.64%，而 S－F－0.125 结构的均方根电压也比 S 结构大 73.79%。此外，S－F－0.125 和 S－M－0.125 都将驰振的临界风速降低了 8.33%。同时，S－B－0.125 具有良好的振动抑制效果，切入风速相比 S 高出了 41.67%。

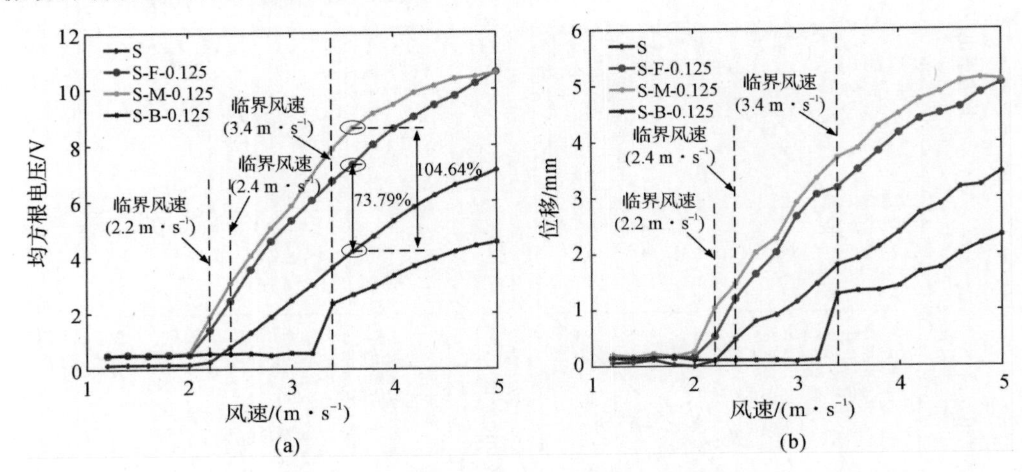

图 8.6　$h/D_B=0.125$ 的风洞实验结果对比

(a)均方根输出电压随风速变化曲线；　(b)根部最大位移随风速变化曲线

图 8.7 展示了在 $h/D_B=0.25$ 时，修饰物不同位置的均方根输出电压（V_{rms}）和梁根部最大位移随风速变化的曲线。通过实验结果可以观察到，随着修饰物的安装位置向后移动，流固耦合特性将从驰振转变为涡激振动（VIV）。对 S－M－0.25 的钝体结构，涡激振动（VIV）的工作带宽为 $U=3.6\sim4.6$ m/s。切入风速相比于 S 提前了 18.18%。当风速超过锁频范围时，动力学响应和电压输出响应均明显下降。在 $U=5$ m/s 时，S－M－0.25 的最大电压输出达到 10.89 V，比 S 大 105.72%。S－F－0.25 在测试风速范围内表现出驰振特性，且在 $U=5$ m/s 时最大电压输出达到 12.57 V，比 S 高出 76.66%。实验中发现 S－B－0.25 在所有风速范围内几乎不振动，表现出优异的振动抑制效果。

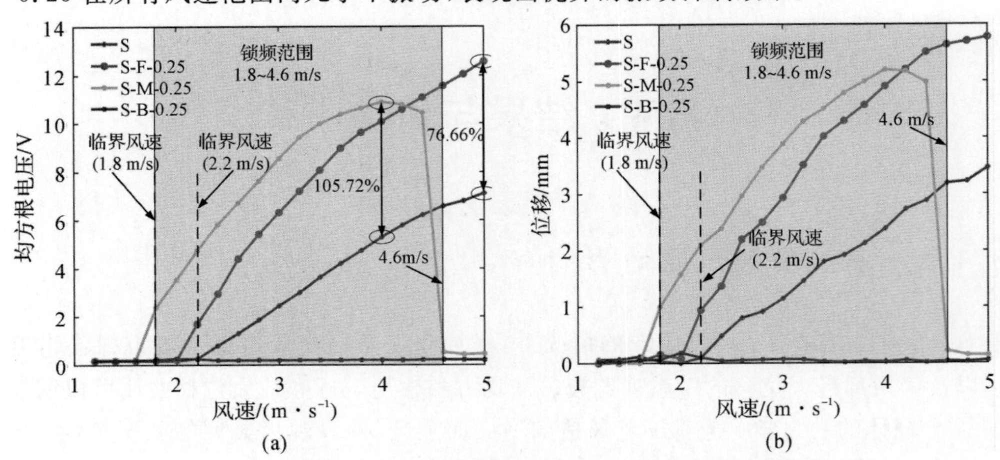

图 8.7　$h/D_B=0.25$ 时不同修饰物位置的风洞实验结果对比

(a) 均方根输出电压随风速变化的曲线；　(b)根部最大位移随风速变化的曲线

图 8.8 显示了在 $h/D_B = 0.375$ 时，修饰物不同位置的均方根输出电压（V_{rms}）和梁根部的最大位移随风速变化的曲线。在 $U = 5$ m/s 时，S－F－0.375 实现了最大电压输出 13.55 V，比 S 高出 90.45%。S－M－0.375 表现出涡激振动现象，锁频范围为 $U = 2.2 \sim 3.6$ m/s 。S－M－0.375 在 $U = 2.8$ m/s 时取得最大均方根输出电压(8.47 V)，但在锁频范围的后半段，位移和均方根的输出电压都逐渐减小。S－B－0.375 表现出了较弱的涡激振动现象，锁频区域仅为 $U = 2.2 \sim 3.6$ m/s ，比 S－M－0.375 锁频范围减小了 57.14%。

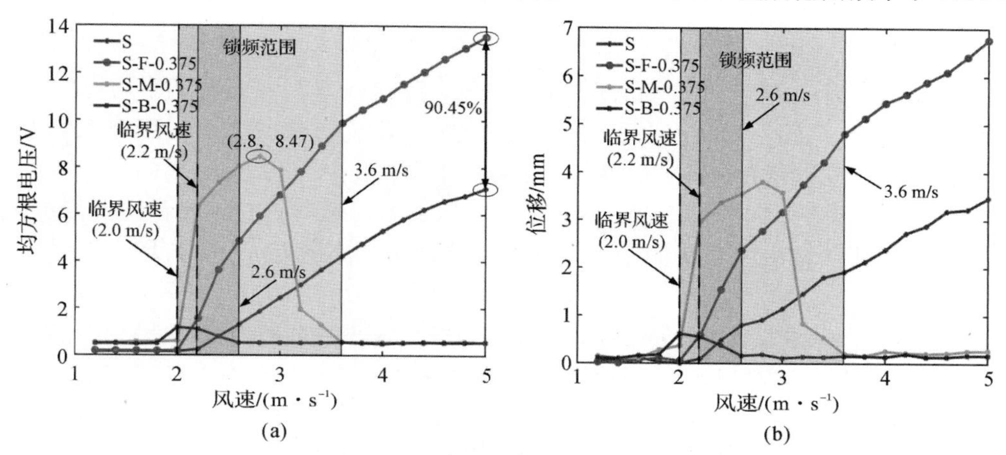

图 8.8　h/D_B＝0.375 时不同修饰物位置的风洞实验结果对比

(a)均方根输出电压随风速变化的曲线；（b)根部最大位移随风速变化的曲线

图 8.9 显示了在 $h/D_B = 0.5$ 时，修饰物不同位置的均方根输出电压（V_{rms}）和梁根部最大位移随风速变化的曲线。结果表明，S－F－0.5 钝体的切入风速与 S 结构相同，但输出电压随风速增长更显著。具体而言，最大输出电压达到 14.16 V，比 S 的输出电压大 99.01%。当修饰物安装在钝体的中间时，将产生一种特殊的涡激振动响应，输出电压在 $U = 2.6$ m/s 时迅速上升到最大值(8.09 V)，随后在 $U = 2.6 \sim 4.4$ m/s 的锁频区域内单调下降。相比之下，S－B－0.5 钝体在所有风速下几乎没有发生振动，响应完全受到抑制。

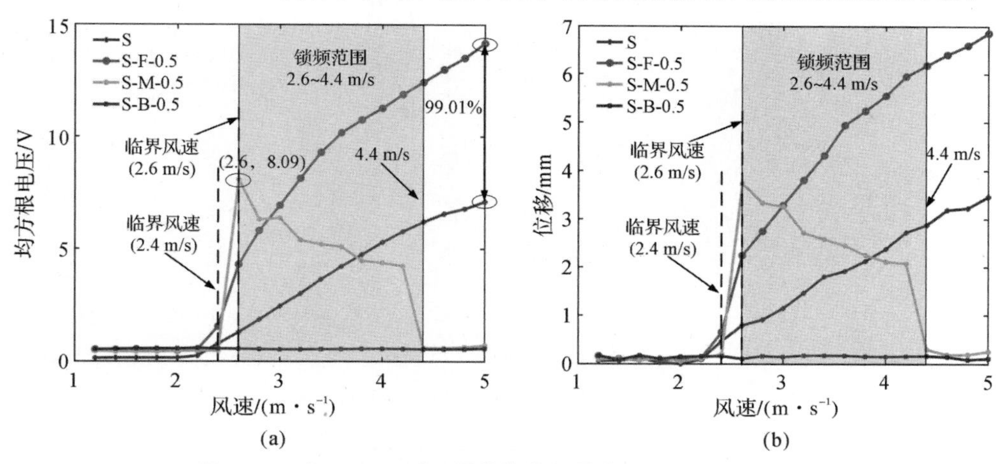

图 8.9　h/D_B＝0.5 时不同修饰物位置的风洞实验结果对比

(a)均方根输出电压随风速变化的曲线；（b)根部最大位移随风速变化的曲线

8.4.2 能量收集性能评估

由于压电能量收集系统的性能与钝体的几何形状和风速相关，因此需要定义一个新的较为公平的评估指标，即工作风速范围内的总平均输出功率（OAOP），定义如下：

$$\mathrm{OAOP}=\frac{\int_{U_{\mathrm{i}}}^{U_{\mathrm{f}}} P_{\mathrm{a}}(U)\mathrm{d}U}{U_{\mathrm{f}}-U_{\mathrm{i}}} \tag{8-17}$$

式中：U_{i} 和 U_{f} 分别是起始和结束的工作风速；$P_{\mathrm{a}}(U)$ 是风速 U 处产生的平均功率。

图 8.10 给出了不同钝体在测试风速范围内的总平均输出功率。h/D_{B} 以 0.125 为间隔从 0.125 变化到 0.5，研究修饰物位置和大小对总平均输出功率的影响，S（$h/D_{\mathrm{B}}=0$）的实验结果作为控制组。如图 8.10 所示，总平均输出功率受修饰物的高度和位置影响显著，S－F 钝体的总平均输出功率显著大于 S，而总平均输出功率随着 h/D_{B} 的增大而增大。此外，对于 $h/D_{\mathrm{B}}=0.125$ 、0.25、0.375 和 0.5，OAOP 分别达到 $5.481\,23\times10^{-1}$ μW、$7.730\,57\times10^{-1}$ μW、$9.196\,42\times10^{-1}$ μW 和 1.035 13 μW。与 S 的总平均输出功率相比，S－F－0.5 增大了 366.14%。对于 S－M 钝体，总体平均输出功率（OAOP）随着 h/D_{B} 的增大而先增大后减小。如图 8.10(b)所示，S－M 钝体的总平均输出功率分别比 S 大 194.64%、221.64%、79.29%和 26.51%。应该注意，S－B 的总平均输出功率与上述情况不同。当 $h/D_B=0.25$ 时，总体平均输出功率迅速下降到 4.15×10^{-3} μW 的较低水平，当 $h/D_B=0.375$ 和 $h/D_{\mathrm{B}}=0.5$ 时保持在较低水平。S－B 钝体的均方根输出电压和总平均输出功率的较低值，表明其并不适用于收集风能，它对振幅的良好的抑制效果也说明该类型钝体在振动控制方面具有潜在的应用前景。

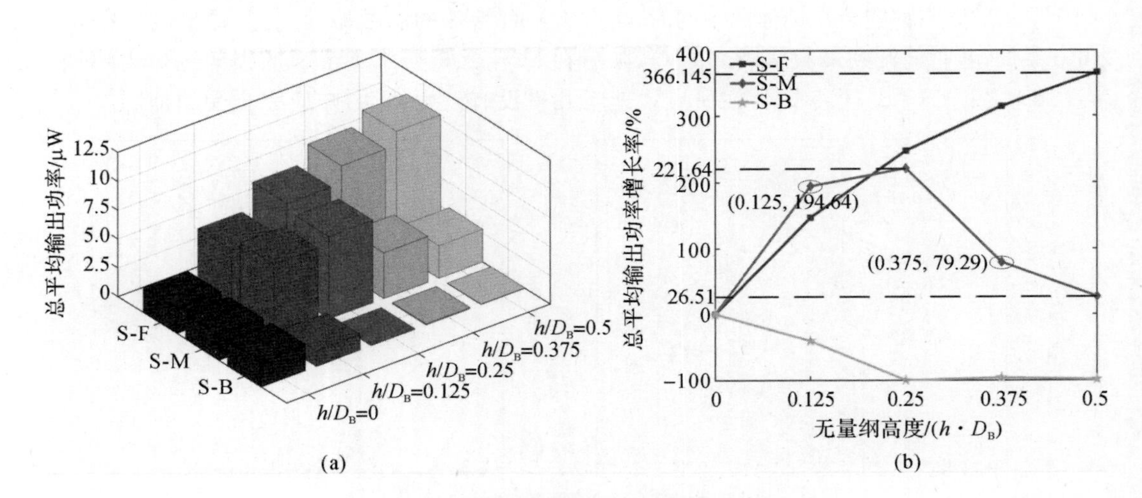

图 8.10 钝体的总平均输出功率评估

(a) 所有钝体的总平均输出功率（OAOP）；

(b) 不同 h/D_{B} 下的总平均输出功率增长率

8.4.3　不同 h/D_B 的影响

为了深入探讨 h/D_B 对系统能量收集效率的影响规律，图 8.11 为均方根电压（V_{rms}）随风速变化的条形图，h/D_B 对 3 种不同安装位置的均方根输出电压都具有显著影响。在图 8.11(a) 中，修饰物放置在钝体前方时，系统更容易被诱发驰振。此外，与 S 相比，S－F 的均方根输出电压在风速超过 $U=2.4$ m/s 时显著增大，并且最大均方根输出电压随着 h/D_B 的增大而增大。此外，驰振的切入风速随着 h/D_B 的增大先减小，然后增大。在图 8.11(b) 中，当修饰物放置在钝体的中间时，随着 h/D_B 的增大，最大均方根输出电压对应的风速持续减小，诱发驰振和涡激振动的切入风速随着 h/D_B 的增大先减小然后增大。值得注意的是，当 $h/D_B=0.25$ 时，气动现象从驰振变为涡激振动。随着 h/D_B 增大，锁频范围先减小，然后增大，锁频范围内均方根输出电压的减小趋势趋于平稳。图 8.11(c) 展示了当修饰物粘贴在钝体侧面的后面时，均方根输出电压的不同 h/D_B 的比较。实验结果表明 S－B 钝体具有抑制涡诱导振动的效果。当 $h/D_B=0.125$ 时，与 S 相比，S－B 钝体只引发了微弱的涡激振动。S－B－0.25 在实验风速范围内响应很小几乎不发生振动，S－B－0.375 在 2.0～2.6 m/s 的范围内表现出较弱的涡激振动响应。

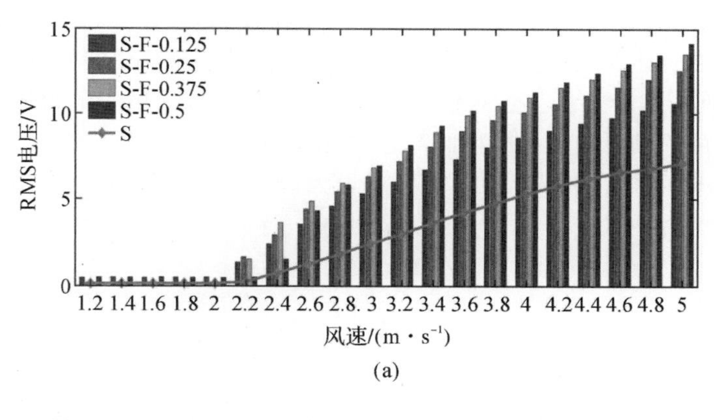

(a)

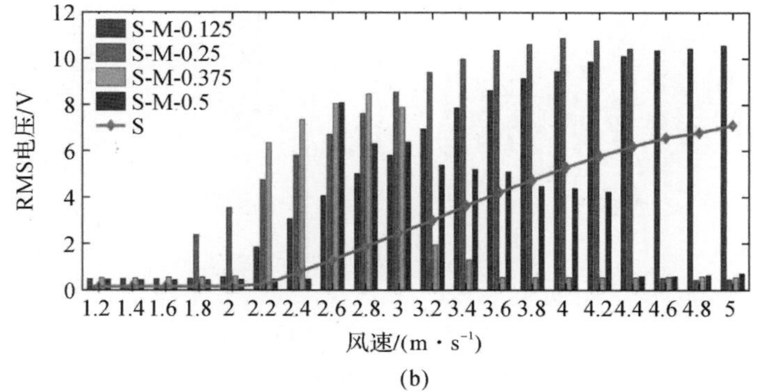

(b)

图 8.11　不同钝体压电能量收集系统均方根输出电压随风速变化柱状图

(a) S－F；(b) S－M

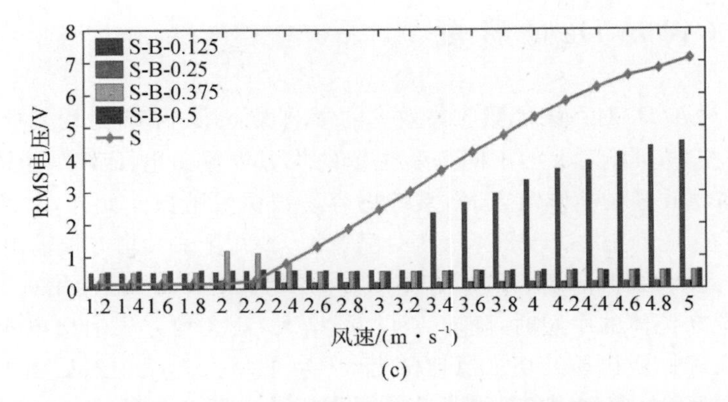

续图 8.11 不同钝体压电能量收集系统均方根输出电压随风速变化柱状图

(c) S-B

8.4.4 频率和功率分析

图 8.12 展示了不同钝体自由衰减实验的快速傅里叶变换（FFT）结果。值得注意的是，由于 S 钝体的质量较轻，带有 S 钝体能量收集结构的固有频率为 7.25 Hz，明显高于具有 S-F、S-M 和 S-B 钝体的固有频率。系统的固有频率随着修饰物的后移而增大，并随着 h/D_B 的增大而持续减小。上述频率响应特性的差异可以归因于等效质量的变化。当装饰物从迎风面向后移动时，转动惯量和等效质量减小，而刚度保持不变，因此固有频率增大。当 h/D_B 增大时，转动惯量和相应的等效质量增大，导致谐振频率减小。值得注意的是，具有 S-B-0.125 钝体的系统不遵循上述提到的这一特征，因为其等效质量的变化不明显。

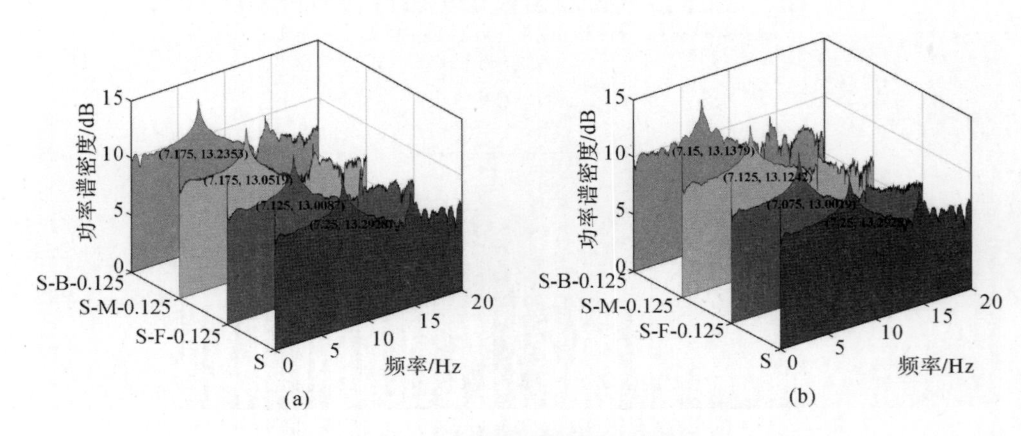

图 8.12 自由衰减实验 FFT 结果

(a) $h/D_B = 0.125$；(b) $h/D_B = 0.25$

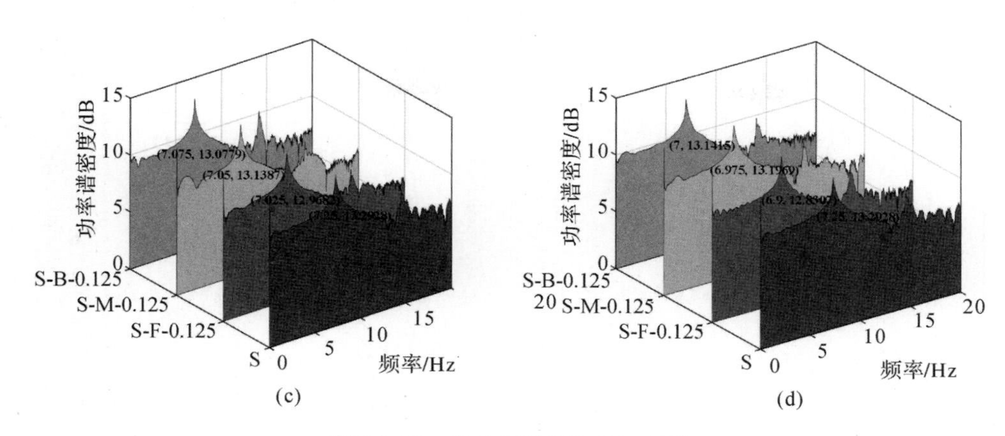

续图 8.12　自由衰减实验 FFT 结果

(c) $h/D_{\mathrm{B}}=0.375$；(d) $h/D_{\mathrm{B}}=0.5$

为了探究电阻对输出功率的影响，在风速 $U=3.0$ m/s 时，调整负载电阻在 1～50 MΩ 之间变化，记录系统的功率输出情况。均方根输出电压和输出功率如图 8.13 所示，均方根输出电压曲线随着电阻的增大而增大，增长率逐渐趋于饱和，输出功率随着电阻的增大先增大后减小。

输出功率定义为 V_{rms}^2/R，其中 V_{rms} 表示 $U=3.0$ m/s 时的均方根输出电压。如图 8.13(a)(d) 所示，具有 S-M-0.25 和 S-F-0.125 的压电能量收集系统，在 $R=8$ MΩ 时获得了最大输出功率 2.183 μW 和 7.08×10^{-1} μW。如图 8.13(b)(c) 所示，S-F-0.5 和 S-M-0.125 的最佳电阻分别为 $R=9$ MΩ 和 $R=7$ MΩ，相应的最大输出功率分别达到 1.526 μW 和 7.81×10^{-1} μW。最佳电阻的差异可以归因于系统固有频率的变化。最佳电阻与固有频率之间存在负相关关系，固有频率增大时最佳负载电阻将减小。由于 S-F-0.5 的固有频率低于 S-M-0.125 的固有频率，所以 S-F-0.5 的压电能量收集系统在较大电阻下获得了最大功率。而 S-F-0.125 和 S-M-0.25 相同的固有频率导致它们具有相同的最佳负载电阻。

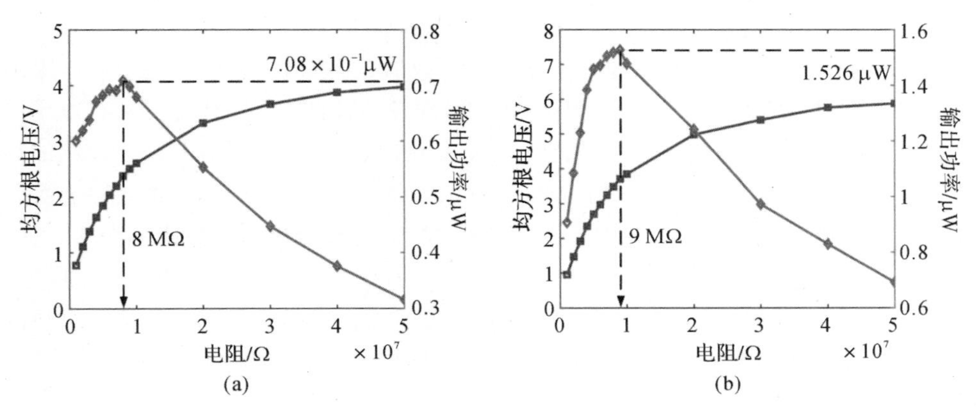

图 8.13　在 $U=3.0$ m/s 时，均方根输出电压和输出功率随负载电阻的变化

(a) S-F-0.125；(b) S-F-0.5

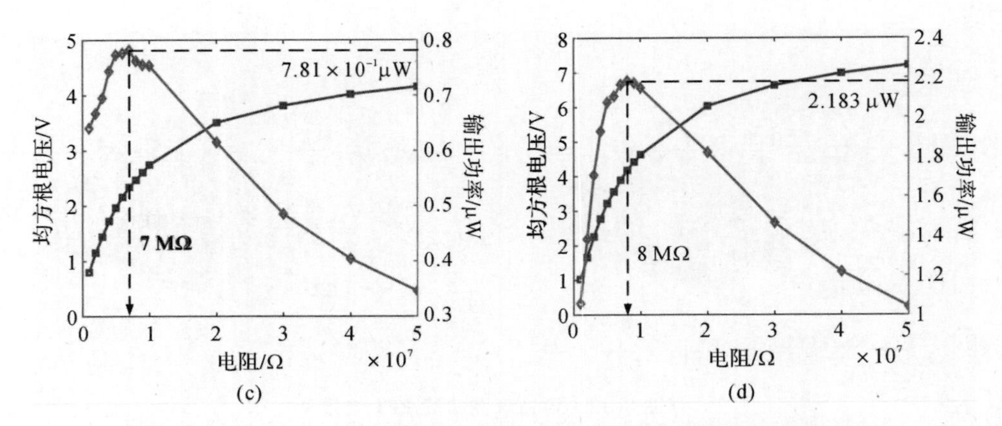

续图 8.13　在 U=3.0 m/s 时，均方根输出电压和输出功率随负载电阻的变化

(c) S－F－0.125；（d) S－M－0.25

8.4.5　三维 CFD 模拟结果

可以通过比较图 8.14 中的涡量云图来评估修饰物高度对 S－F 钝体气动性能的影响（T_0 是涡流脱落过程的周期）。相邻涡旋之间的宽度可用来表明涡旋的强度。可以看到，随着 h/D_B 增大，钝体后面的尾流涡旋的宽度变大。对于带有不同 S－F 装饰物的长方体，当 $h/D_B=0.125$、0.25、0.375 和 0.5 时，在距钝体 $5D_B$ 范围内，尾流涡旋的最大宽度分别为 $3.81D_B$、$5.31D_B$、$5.38D_B$ 和 $5.38D_B$。较宽的尾流涡旋与外界向边界层的能量转移增加有关，尾流涡旋的宽度较大，意味着较猛烈的涡旋脱落，从而导致强劲的气动力。在强大的气动力作用下，振动响应得以增强，能量收集性能得以提升。上述结果很好地解释了能量收集性能改进的内在物理机制。

为了推断 S－M 钝体修饰物高度对气动性能的影响，图 8.15 展示了在风速 $U=3.2$ m/s 时，钝体截面周围的涡量矢量图和速度矢量图。可以看出，修饰物显著改变了钝体周围的流场分布。当修饰物高度为 $0.25D_B$ 时，涡旋开始出现在钝体的两侧，导致较快的边界层分离速度，因此钝体周围的脱涡过程较为强烈。然而，如图 8.15(b)(c) 所示，当装饰物的高度增加到 $0.375D_B$ 和 $0.5D_B$ 时，修饰物的上游和下游都会形成一个小涡旋，而这种小涡旋会导致边界层分离速度减弱和延缓。此外，过高的装饰物会导致较慢的涡流脱落频率，这会降低能量收集的效率。图 8.15(e)～(f)为 S－M－0.375 和 S－M－0.5 的速度矢量图，与 S－M－0.375 相比，在 S－M－0.25 和 S－M－0.5 的尾流区域存在一些高速度矢量。更快的边界层分离速度有助于增加流场向边界层的能量传递，而较慢的边界层分离速度阻碍了流体动能的能量转移。因此，在 S－M－0.25 和 S－M－0.5 的尾流中，会生成更强的气动力，以提高压电能量收集系统的性能。上述的相关模拟可以为解释钝体气动力增强的内在机理、优化钝体的气动布局提供理论支持。

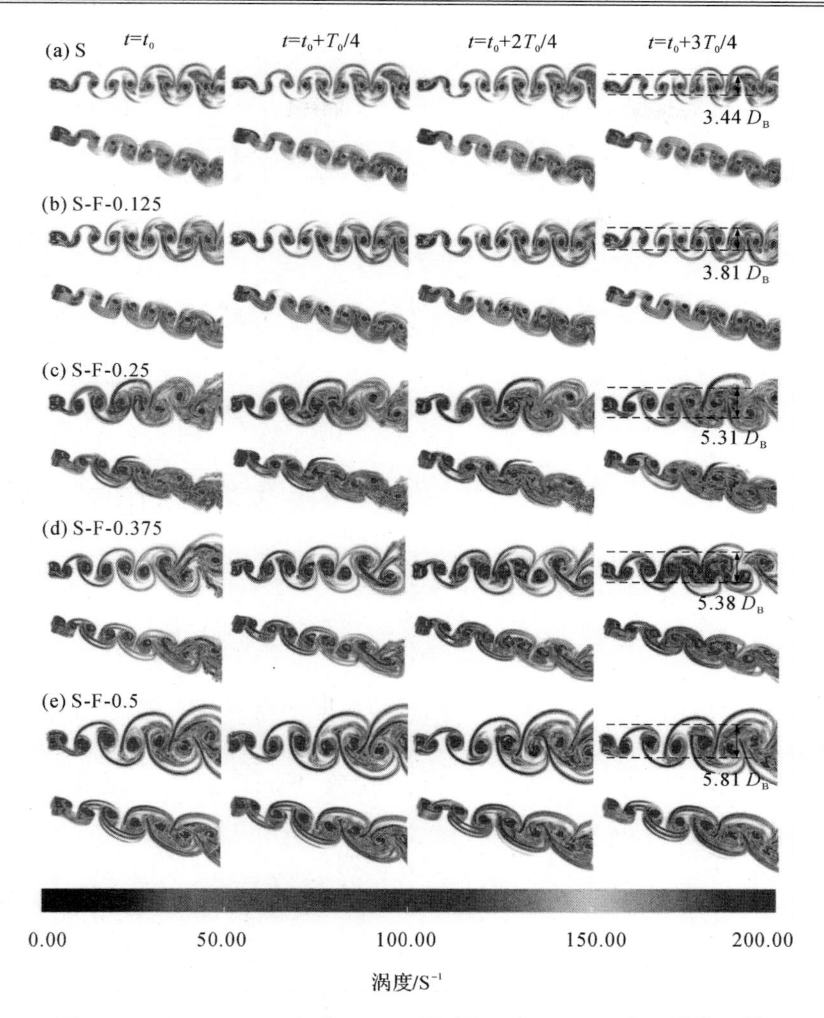

图 8.14　由 U=4.0 m/s 的 XFlow 得到的 S 和 S-F-h/D_B 涡度云图

(a) $h/D_B = 0$； (b) $h/D_B = 0.125$； (c) $h/D_B = 0.25$；

(d) $h/D_B = 0.375$； (e) $h/D_B = 0.5$

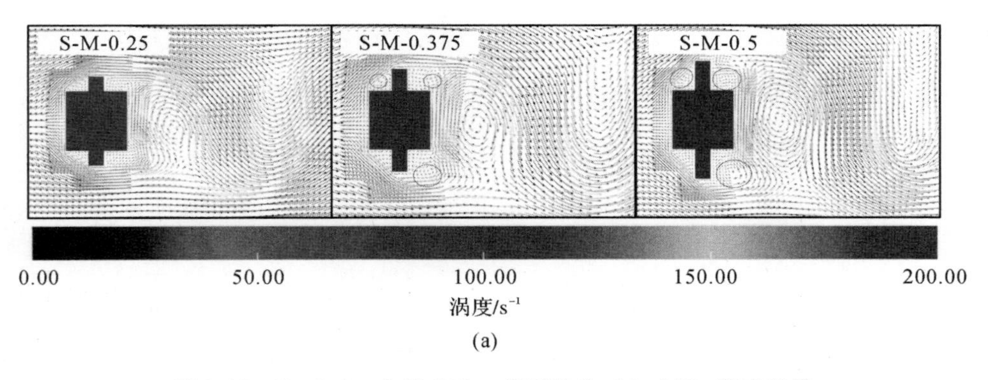

图 8.15　U=3.2 m/s 时 XFlow 得到的 S-M-h/D_B 涡度矢量

(a) $h/D_B = 0.25$； (b) $h/D_B = 0.375$； (c) $h/D_B = 0.5$

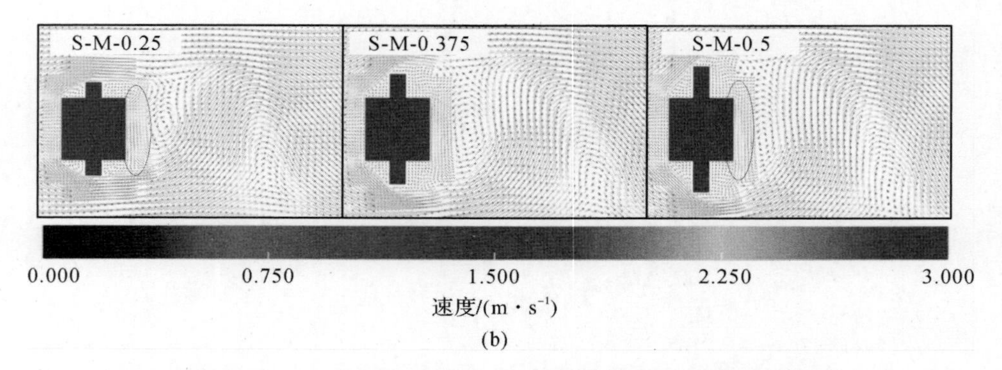

续图 8.15　U=3.2 m/s 时 XFlow 得到的 S-M-h/D_B 涡度矢量

U = 3.2 m/s 时 S-M-h/D_B 的速度矢量：

(d) h/D_B = 0.25；(e) h/D_B = 0.375；(f) h/D_B = 0.5

8.5　结　　论

本章提出了一种具有对称修饰物的风致振动压电能量收集系统，并全面评估了修饰物的安装位置和高度对其动态性能和能量收集实验效果的影响，建立了基于欧拉-拉格朗日方程的理论模型，并进行了相应的数值模拟和风洞实验来验证模型。数值模拟结果与实验结果具有良好的一致性，特别是在切入风速、固有频率和振幅方面。

随着 S-F 修饰物高度的增加，能量收集性能明显提升，如振幅不断增大和切入风速不断减小。对于 S-M 的修饰物，存在一个最佳高度，h/D_B = 0.25 时系统表现出了具有较宽工作频带的涡激振动，显著提高了低速风致振动能量的收获性能。然而，S-B 修饰物表现出优异的振动抑制效果，只有 S-B-0.125 可以在较窄的风速范围内表现出涡激振动现象。

本章通过 3D-CFD 解释了性能提升的内在物理机制。从涡量云图、涡量矢量图和速度矢量图中可以看出，随着 S-F 中 h/D_B 的增大，涡旋变得更加猛烈，产生了强大的气动载荷。对于 S-M，当 h/D_B 增加到一定程度时，修饰物周围将形成较小的涡旋，从而降低了能量收集性能。

参考文献

[1] LIU H, FU H, SUN L, et al. Hybrid energy harvesting technology: from materials, structural design, system integration to applications[J]. Renewable and Sustainable Energy Reviews, 2021, 137: 110473.

[2] BOWEN C R, KIM H A, WEAVER P M, et al. Piezoelectric and ferroelectric materials and structures for energy harvestingapplications [J]. Energy & Environmental Science, 2014, 7(1): 25-44.

[3] LIU H, ZHONG J, LEE C, et al. A comprehensive review on piezoelectric energy harvesting technology: materials, mechanisms, and applications [J]. Applied Physics Reviews, 2018, 5(4):41306.

[4] YANG Z, ZHOU S, ZU J, et al. High-performance piezoelectric energy harvesters and their applications[J]. Joule, 2018, 2(4): 642-697.

[5] ARNOLD D P. Review of microscale magnetic power generation [J]. IEEE Transactions on magnetics, 2007, 43(11): 3940-3951.

[6] WANG Z L, CHEN J, LIN L. Progress in triboelectric nanogenerators as a new energy technology and self-powered sensors[J]. Energy & Environmental Science, 2015, 8(8): 2250-2282.

[7] TOPRAK A, TIGLI O. Piezoelectric energy harvesting: state-of-the-art and challenges[J]. Applied Physics Reviews, 2014, 1(3): 31104 .

[8] CHENG S, ARNOLD D P. A study of a multi-pole magnetic generator for low-frequency vibrational energy harvesting [J]. Journal of Micromechanics and Microengineering, 2009, 20(2): 25015.

[9] WANG Z L. Triboelectric nanogenerators as new energy technology for self-powered systems and as active mechanical and chemical sensors[J]. ACS nano,2013, 7(11): 9533-9557.

[10] LI X, UPADRASHTA D, YU K, et al. Analytical modeling and validation of multi-mode piezoelectric energy harvester [J]. Mechanical Systems and Signal Processing, 2019, 124: 613-631.

[11] DHOTE S, LI H, YANG Z. Multi-frequency responses of compliant orthoplanar spring designs for widening the bandwidth of piezoelectric energy harvesters[J]. International Journal of Mechanical Sciences, 2019, 157: 684-691.

[12] TANG Q, LI X. Two-stage wideband energy harvester driven by multimode coupled vibration[J]. IEEE/ASME Transactions On Mechatronics, 2014, 20(1): 115-121.

[13] SUN R, LI Q, YAO J, et al. Tunable, multi-modal, and multi-directional vibration energy harvester based on three-dimensional architected metastructures [J]. Applied Energy, 2020, 264: 114615.

[14] IBRAHIM S W, ALI W G. A review on frequency tuning methods for piezoelectric energy harvesting systems [J]. Journal of Renewable and Sustainable Energy, 2012, 4(6): 62703.

[15] SHANG M, QIN W, LI H, et al. Harvesting vibration energy by novel piezoelectric structure with arc-shaped branches[J]. Mechanical Systems and Signal Processing, 2023, 200: 110577.

[16] SHI G, YANG Y, CHEN J, et al. A broadband piezoelectric energy harvester with movable mass for frequency active self-tuning[J]. Smart Materials and Structures, 2020, 29(5): 55023.

[17] CHEN S, MA L, CHEN T, et al. Modeling and verification of a piezoelectric frequency-up-conversion energy harvesting system[J]. Microsystem Technologies, 2017, 23: 2459 - 2466.

[18] XU J, TANG J. Linear stiffness compensation using magneticeffect to improve electro-mechanical coupling for piezoelectric energy harvesting [J]. Sensors and Actuators A: Physical, 2015, 235: 80 - 94.

[19] FAN K, YU B, ZHU Y, et al. Scavenging energy from the motion of human lower limbs via a piezoelectric energy harvester [J]. International Journal of Modern Physics B, 2017, 31(7): 1741011.

[20] LAN C, TANG L, QIN W, et al. Magnetically coupled dual-beam energy harvester: Benefit and trade-off [J]. Journal of Intelligent Material Systems and Structures, 2018, 29(6): 1216 - 1235.

[21] HAITAO L, QIN W. Nonlinear dynamics of a pendulum-beam coupling piezoelectric energy harvesting system [J]. The European Physical Journal Plus, 2019, 134(12): 595.

[22] HARNE R L, WANG K W. A review of the recent research on vibration energy harvesting via bistable systems[J]. Smart Materials and Structures, 2013, 22(2): 23001.

[23] LI HT, DING H, JING X J, et al . Improving the performance of a tri-stable energy harvester with a staircase-shaped potential well[J]. Mechanical Systems and Signal Processing, 2021, 159:107805.

[24] DENG W, QIN W, PAN J, et al. Improve harvesting efficiency of tri-stable energy harvester by tailoring potential energy[J]. The European Physical Journal Plus, 2022, 137(2): 1 - 14.

[25] STANTON S C, MCGEHEE C C, MANN B P. Reversible hysteresis for broadband magnetopiezoelastic energy harvesting [J]. Applied Physics Letters,

2009, 95(17): 174103.

[26] FAN K, TAN Q, LIU H, et al. Improved energy harvesting from low-frequency small vibrations through a monostable piezoelectric energy harvester [J]. Mechanical Systems and Signal Processing, 2019, 117: 594 - 608.

[27] FERRARI M, FERRARI V, GUIZZETTI M, et al. Improved energy harvesting from wideband vibrations by nonlinear piezoelectric converters[J]. Sensors and Actuators A: Physical, 2010, 162(2): 425 - 431.

[28] YANG W, TOWFIGHIAN S. A hybrid nonlinear vibration energy harvester[J]. Mechanical Systems and Signal Processing, 2017, 90: 317 - 333.

[20] ERTURK A, HOFFMANN J, INMAN D J. A piezomagnetoelastic structure for broadband vibration energy harvesting[J]. Applied Physics Letters, 2009, 94(25): 254102.

[30] LAN C, QIN W. Enhancing ability of harvesting energy from random vibration by decreasing the potential barrier of bistable harvester[J]. Mechanical Systems and Signal Processing, 2017, 85: 71 - 81.

[31] ZHOU S, CAO J, LIN J, et al. Exploitation of a tristable nonlinear oscillator for improving broadband vibration energy harvesting [J]. The European Physical Journal-Applied Physics, 2014, 67(3): 30902.

[32] CAO J, ZHOU S, WANG W, et al. Influence of potential well depth on nonlinear tristable energy harvesting[J]. Applied Physics Letters, 2015, 106(17): 173903.

[33] HAITAO L, WEIYANG Q, CHUNBO L, et al. Dynamics and coherence resonance of tri-stable energy harvesting system [J]. Smart Materials and Structures, 2015, 25(1): 15001.

[34] ZHU P, REN X, QIN W, et al. Improving energy harvesting in a tri-stable piezo-magneto-elastic beam with two attractive external magnets subjected to random excitation[J]. Archive of Applied Mechanics, 2017, 87: 45 - 57.

[35] ZHOU Z, QIN W, ZHU P. A broadband quad-stable energy harvester and its advantages over bi-stable harvester: simulation and experiment verification[J]. Mechanical Systems and Signal Processing, 2017, 84: 158 - 168.

[36] ZHOU Z, QIN W, ZHU P. Harvesting performance of quad-stable piezoelectric energy harvester: modeling and experiment[J]. Mechanical Systemsand Signal Processing, 2018, 110: 260 - 272.

[37] ZAYED A A A, ASSAL S F M, NAKANO K, et al. Design procedure and experimental verification of a broadband quad-stable 2-DOF vibration energy harvester[J]. Sensors, 2019, 19(13): 2893.

[38] 李海涛，丁虎，陈立群. 带有非对称势能阱特性的双稳态能量采集系统混沌动力学分析[J]. 振动与冲击，2020，39(18)：54 - 59.

[39] MEL'NIKOV V K. On the stability of a center for time-periodic perturbations[J].

Trudy Moskovskogo Matematicheskogo Obshchestva，1963，12：3 - 52.

[40] KOVACIC G，WIGGINS S. Orbits homoclinic to resonances，with an application to chaos in a model of the forced and damped sine-Gordon equation[J]. Physica D：Nonlinear Phenomena，1992，57(1/2)：185 - 225.

[41] 陈予恕，王德石，余俊. 参外激励作用下非线性振动系统的混沌[J]. 振动工程学报，1996，9(1)：54 - 59.

[42] 陈立群，带慢变角参数摄动平面非 Hamilton 可积系统的混沌[J]. 应用数学和力学，2001，22(11)：1172 - 1176

[43] 张伟，姚明辉，张君华，等. 高维非线性系统的全局分岔和混沌动力学研究[J]. 力学进展，2013，43(1)：63 - 90.

[44] STANTON S C，MANN B P，OWENS B A M. Melnikov theoretic methods for characterizing the dynamics of the bistable piezoelectric inertial generator in complex spectral environments[J]. Physica D：Nonlinear Phenomena，2012，241(6)：711 - 720.

[45] CHEN Z，GUO B，XIONG Y，et al. Melnikov-method-based broadband mechanism and necessary conditions of nonlinear rotating energy harvesting using piezoelectric beam[J]. Journal of Intelligent Material Systems and Structures，2016，27(18)：2555 - 2567.

[46] SUN S，CAO S Q. Analysis of chaos behaviors of a bistable piezoelectric cantilever power generation system by the second-order Melnikov function[J]. Acta Mechanica Sinica，2017，33：200 - 207.

[47] 李海涛，秦卫阳. 双稳态压电能量获取系统的分岔混沌阈值[J]. 应用数学和力学，2014，35(6)：652 - 662.

[48] LI H，QIN W，DENG W. Coherence resonance of a magnet-induced buckled piezoelectric energy harvester under stochastic parametric excitation[J]. Journal of Intelligent Material Systems and Structures，2018，29(8)：1620 - 1631.

[49] LI H T，ZU J，YANG Y F，et al. Investigation of snap-through and homoclinic bifurcation of a magnet-induced buckled energy harvester by the Melnikov method [J]. Chaos：An Interdisciplinary Journal of Nonlinear Science，2016，26(12)：123109.

[50] MA X，LI H，ZHOU S，et al. Characterizing nonlinear characteristics of asymmetric tristable energy harvesters[J]. Mechanical Systems and Signal Processing，2022，168：108612.

[51] LI H T，DING H，CHEN L Q. Chaos Threshold of a multistable piezoelectric energy harvester subjected to wake-galloping[J]. International Journal of Bifurcation and Chaos，2019，29(12)：1950162.

[52] 李海涛，丁虎，陈立群，等. 三稳态能量收集系统的同宿分岔及混沌动力学分析[J].应用数学和力学，2020，41(12)：12.

[53] WANG J, ZHOU S, ZHANG Z, et al. High-performance piezoelectric wind energy harvester with Y-shaped attachments [J]. Energy conversion and management, 2019, 181: 645 - 652.

[54] JIA J, SHAN X, UPADRASHTA D, et al. An asymmetric bending-torsional piezoelectric energy harvester at low wind speed[J]. Energy, 2020, 198: 117287.

[55] LI H T, REN H, CAO F, et al. Improving the galloping energy harvesting performance with magnetic coupling [J]. International Journal of Mechanical Sciences, 2023, 237: 107785.

[56] 李海涛，曹帆，任和，等. 流致振动能量收集的钝头体几何设计研究[J]. 力学学报，2021，53(11)：3007 - 3015.

[57] SHI M, HOLMES A S, YEATMAN E M. Piezoelectric wind velocity sensor based on the variation of galloping frequency with drag force [J]. Applied Physics Letters, 2020, 116(26): 264101.

[58] LAI Z H, WANG J L, ZHANG C L, et al. Harvest wind energy from a vibro-impact DEG embedded into a bluff body[J]. Energy Conversion and Management, 2019, 199: 111993.

[59] LIU F R, ZHANG W M, ZHAO L C, et al. Performance enhancement of wind energy harvester utilizing wake flow induced by double upstream flat-plates[J]. Applied Energy, 2020, 257: 114034.

[60] LIU F R, ZHANG W M, PENG Z K, et al. Fork-shaped bluff body for enhancing the performance of galloping-based wind energy harvester[J]. Energy, 2019, 183: 92 - 105.

[61] ZHANG L, MENG B. Galloping triboelectric nanogenerator for energy harvesting under low wind speed[J]. Nano Energy, 2020, 70: 104477.

[62] ZHAO D, HU X, TAN T, et al. Piezoelectric galloping energy harvesting enhanced by topological equivalent aerodynamic design[J]. Energy Conversion and Management, 2020, 222: 113260.

[63] SUN W, GUO F, SEOK J. Development of a novel vibro-wind galloping energy harvesterwith high power density incorporated with a nested bluff-body structure [J]. Energy Conversion and Management, 2019, 197: 111880.

[64] WANG J, ZHANG C, GU S, et al. Enhancement of low-speed piezoelectric wind energy harvesting by bluff body shapes: spindle-like and butterfly-like cross-sections[J]. Aerospace Science and Technology, 2020, 103: 105898.

[65] SHAN X, TIAN H, CHEN D, et al. A curved panel energy harvester for aeroelastic vibration[J]. Applied Energy, 2019, 249: 58 - 66.

[66] ZHOU Z, QIN W, ZHU P, et al. Scavenging wind energy by a Y-shaped bi-stable energy harvester with curved wings[J]. Energy, 2018, 153: 400 - 412.

[67] REZAEI M, TALEBITOOTI R. Wideband PZT energy harvesting from the wake

of a bluff body in varying flow speeds[J]. International Journal of Mechanical Sciences, 2019, 163: 105135.

[68] HE X, YANG X, JIANG S. Enhancement of wind energy harvesting by interaction between vortex-induced vibration and galloping[J]. Applied Physics Letters, 2018, 112(3): 33901.

[69] YANG K, QIU T, WANG J, et al. Magnet-induced monostable nonlinearity for improving the VIV-galloping-coupled wind energy harvesting using combined cross-sectioned bluff body[J]. Smart Materials and Structures, 2020, 29(7): 1 - 7.

[70] SUN W, JO S, SEOK J. Development of the optimal bluff body for wind energy harvesting using the synergetic effect of coupled vortex induced vibration and galloping phenomena[J]. International Journal of Mechanical Sciences, 2019, 156: 435 - 445.

[71] QIN W, DENG W, PAN J, et al. Harvesting wind energy with bi-stable snap-through excited by vortex-induced vibration and galloping[J]. Energy, 2019, 189: 116237.

[72] LI H T, REN H, SHANG M J, et al. Dynamics and performance evaluation of a vortex-induced vibration energy harvester with hybrid bluff body [J]. Smart Materials and Structures, 2023, 32(4): 45016.

[73] WANG G, ZHAO Z, LIAO W H, et al. Characteristics of a tri-stable piezoelectric vibration energy harvester by considering geometric nonlinearity and gravitation effects[J]. Mechanical Systems and Signal Processing, 2020, 138: 106571.

[74] ZHOU S, CAO J, INMAN D J, et al. Harmonic balance analysis of nonlinear tristable energy harvesters for performance enhancement[J]. Journal of Sound and Vibration, 2016, 373: 223 - 235.

[75] CAI W, HARNE R L. Characterization of challenges in asymmetric nonlinear vibration energy harvesters subjected to realistic excitation[J]. Journal of Sound and Vibration, 2020, 482: 115460.

[76] XU M, LI X. Stochastic averaging for bistable vibration energy harvesting system [J]. International Journal of Mechanical Sciences, 2018, 141: 206 - 212.

[77] HAITAO L, WEIYANG Q, CHUNBO L, et al. Dynamics and coherence resonance of tri-stable energy harvesting system [J]. Smart Materials andStructures, 2015, 25(1): 15001.

[78] FRISWELL M I, ALI S F, BILGEN O, et al. Non-linear piezoelectric vibration energy harvesting from a vertical cantilever beam with tip mass[J]. Journal of Intelligent Material Systems and Structures, 2012, 23(13): 1505 - 1521.

[79] MCINNES C R, GORMAN D G, CARTMELL M P. Enhanced vibrational energy harvesting using nonlinear stochastic resonance [J]. Journal of Sound and Vibration, 2008, 318(4/5): 655 - 662.

[80] Holmes P J, Moon F C. Strange attractors and chaos in nonlinear mechanics[J]. Jorunal of Applied Mechanics, 1983,50(4): 1021 - 1032.

[81] WIGGINS S. Chaos in the quasiperiodically forced Duffing oscillator[J]. Physics Letters A, 1987, 124(3): 138 - 142.

[82] FENG J J, ZHANG Q C, WANG W. The construction of homoclinic and heteroclinic orbitals in asymmetric strongly nonlinear systems based on the Padé approximant[J]. Chinese Physics B, 2011, 20(9): 90202.

[83] ERTURK A, VIEIRA W G R, DE MARQUI C, et al. On the energy harvesting potential of piezoaeroelastic systems[J]. Applied Physics Letters, 2010, 96(18): 184103.

[84] JIA J, SHAN X, UPADRASHTA D, et al. An asymmetric bending-torsional piezoelectric energy harvester at low wind speed[J]. Energy, 2020, 198: 117287.

[85] ABDELKEFI A, HAJJ M R, NAYFEH A H. Power harvesting from transverse galloping of square cylinder[J]. Nonlinear Dynamics, 2012, 70: 1355 - 1363.

[86] LIU F R, ZOU H X, ZHANG W M, et al. Y-type three-blade bluff body for wind energy harvesting[J]. Applied Physics Letters, 2018, 112(23): 233903.

[87] ZHANG L B, DAI H L, ABDELKEFI A, et al. Theoretical modeling, wind tunnel measurements, and realistic environment testing of galloping-based electromagnetic energy harvesters[J]. Applied Energy, 2019, 254: 113737.

[88] ZHAO L, YANG Y. An impact-based broadband aeroelastic energy harvester for concurrent wind and base vibration energy harvesting[J]. Applied Energy, 2018, 212: 233 - 243.

[89] WANG Q, ZOU H X, ZHAO L C, et al. A synergetic hybrid mechanism of piezoelectric and triboelectric for galloping wind energy harvesting[J]. Applied Physics Letters, 2020, 117(4): 43902.

[90] LI H T, QIN W Y, ZU J, et al. Modeling and experimental validation of a buckled compressive-mode piezoelectric energy harvester[J]. Nonlinear Dynamics, 2018, 92: 1761 - 1780.

[91] WANG G Q, LIAO W H. A strategy for magnifying vibration in high-energy orbits of a bistable oscillator at low excitation levels[J]. Chinese Physics Letters, 2015, 32(6): 68503.

[92] ZHOU S, CAO J, ERTURK A, et al. Enhanced broadbandpiezoelectric energy harvesting using rotatable magnets[J]. Applied Physics Letters, 2013, 102(17): 173901.

[93] ALHADIDI A H, DAQAQ M F. A broadband bi-stable flow energy harvester based on the wake-galloping phenomenon[J]. Applied Physics Letters, 2016, 109(3): 33904.

[94] LI K, YANG Z, GU Y, et al. Nonlinear magnetic-coupled flutter-based aeroelastic

energy harvester: modeling, simulation and experimental verification[J]. Smart Materials and Structures, 2018, 28(1): 15020.

[95] CAO D, DING X, GUO X, et al. Improved flow-induced vibration energy harvester by using magnetic force: an experimental study[J]. International Journal of Precision Engineering and Manufacturing-Green Technology, 2021, 8: 879 - 887.

[96] DAI H L, ABDELKEFI A, WANG L. Piezoelectric energy harvesting from concurrent vortex-induced vibrations and base excitations[J]. Nonlinear Dynamics, 2014, 77: 967 - 981.

[97] ABDELMOULAH, ABDELKEFI A. Investigations on the presence of electrical frequency on the characteristics of energy harvesters under base and galloping excitations[J]. Nonlinear Dynamics, 2017, 89: 2461 - 2479.

[98] LI HT, DONG B J, CAO F, et al. Homoclinic bifurcation for a bi-stable piezoelectric energy harvester subjected to galloping and base excitations [J] Applied Mathematical Modelling, 2022, 104: 228 - 242.

[99] LI H T, DONG B J, CAO F, et al. Nonlinear dynamical and harvesting characteristics of bistable energy harvester under hybrid base vibration and galloping[J]. Communications in Nonlinear Science and Numerical Simulation, 2023, 125: 107400.

[100] YAN Z, LEI H, TAN T, et al. Nonlinear analysis for dual-frequency concurrent energy harvesting[J]. Mechanical Systems and Signal Processing, 2018, 104: 514 - 535.

[101] YAN Z, ABDELKEFI A. Nonlinear characterization of concurrent energy harvesting from galloping and base excitations[J]. Nonlinear Dynamics, 2014, 77 (4): 1171 - 1189.

[102] BIBO A, ABDELKEFI A, DAQAQ M F. Modeling and characterization of a piezoelectric energy harvester under combined aerodynamic and base excitations [J]. Journal of Vibration and Acoustics, 2015, 137(3): 31017.

[103] ZHANG L B, ABDELKEFI A, DAI H L, et al. Design and experimental analysis of broadband energy harvesting from vortex-induced vibrations[J]. Journal of Sound and Vibration, 2017, 408: 210 - 219.

[104] 曹东兴，马鸿博，张伟. 附磁压电悬臂梁流致振动俘能特性分析 [J]. 力学学报，2019，51(4)：1148 - 1155.

[105] WANG Y, ZHOU Z, QIN W, et al. Harvesting wind energy with a bi-stable configuration integrating vortex-induced vibration and galloping[J]. Journal of Physics D: Applied Physics, 2021, 54(28): 285501.

[106] WANG J, GENG L, ZHOU S, et al. Design, modeling and experiments of broadband tristable galloping piezoelectric energy harvester[J]. Acta Mechanica

Sinica, 2020, 36: 592 - 605.

[107] YANG K, WANG J, YURCHENKO D. A double-beam piezo-magneto-elastic wind energy harvester for improving the galloping-based energy harvesting[J]. Applied Physics Letters, 2019, 115(19): 193901.

[108] WANG J, GENG L, YANG K, et al. Dynamics of the double-beam piezo-magneto-elastic nonlinear wind energy harvester exhibiting galloping-based vibration[J]. Nonlinear Dynamics, 2020, 100: 1963 - 1983.

[109] ZHAO L. Synchronization extension using a bistable galloping oscillator for enhanced power generation from concurrent wind and base vibration[J]. Applied Physics Letters, 2020, 116(5): 53904.

[110] ZHANG J, ZHANG X, SHU C, et al. Modeling and nonlinear analysis of stepped beam energy harvesting from galloping vibrations[J]. Journal of Sound and Vibration, 2020, 479: 115354.

[111] LI S, HE X, LI J, et al. An in-plane omnidirectional piezoelectric wind energy harvester based on vortex-induced vibration[J]. Applied Physics Letters, 2022, 120(4): 43901.

[112] WANG J, ZHOU S, ZHANG Z, et al. High-performance piezoelectric wind energy harvester with Y-shaped attachments [J]. Energy Conversion and Management, 2019, 181: 645 - 652.

[113] WANG J, ZHANG Y, LIU M, et al. Etching metasurfaces on bluff bodies for vortex-induced vibration energy harvesting [J]. International Journal of Mechanical Sciences, 2023, 242: 108016.

[114] WANG J, ZHANG C, GU S, et al. Enhancement of low-speed piezoelectric wind energy harvesting by bluff body shapes: spindle-like and butterfly-like cross-sections[J]. Aerospace Science and Technology, 2020, 103: 105898.

[115] HUYNHB H, TJAHJOWIDODO T. Experimental chaotic quantification in bistable vortex induced vibration systems[J]. Mechanical Systems and Signal Processing, 2017, 85: 1005 - 1019.

[116] DAQAQ M F, MASANA R, ERTURK A, et al. On the role of nonlinearities in vibratory energy harvesting: a critical review and discussion [J]. Applied Mechanics Reviews, 2014, 66(4): 40801.

[117] NASEER R, DAI H L, ABDELKEFI A, et al. Piezomagnetoelastic energy harvesting from vortex-induced vibrations using monostable characteristics[J]. Applied Energy, 2017, 203: 142 - 153.

[118] NASEER R, ABDELKEFI A. Nonlinear modeling and efficacy of VIV-based energy harvesters: monostable and bistable designs[J]. Mechanical Systems and Signal Processing, 2022, 169: 108775.

[119] MA X, LI Z, ZHANG H, et al. Dynamic modeling andanalysis of a tristable

vortex-induced vibration energy harvester[J]. Mechanical Systems and Signal Processing, 2023, 187: 109924.

[120] 曹帆，徐鹏，李海涛，等. 基于动态磁耦合的驰振能量收集器动力学分析[J]. 应用力学学报，2022，39(2)：304 - 311.

[121] ZHANG L B, ABDELKEFI A, DAI H L, et al. Design and experimental analysis of broadband energy harvesting from vortex-induced vibrations[J]. Journal of Sound and Vibration, 2017, 408: 210 - 219.

[122] ZHANG J, ZHANG J, SHU C, et al. Enhanced piezoelectric wind energy harvesting based on a buckled beam[J]. Applied Physics Letters, 2017, 110(18): 183903 .

[123] ZHANG L B, DAI H L, ABDELKEFI A, et al. Experimental investigation of aerodynamic energy harvester with different interference cylinder cross-sections [J]. Energy, 2019, 167: 970 - 981.

[124] ZHAO D, ZHOU J, TAN T, et al. Hydrokinetic piezoelectric energy harvesting by wake induced vibration[J]. Energy, 2021, 220: 119722.

[125] JAVED U, ABDELKEFI A, AKHTAR I. An improved stability characterization for aeroelastic energy harvesting applications[J]. Communications in Nonlinear Science and Numerical Simulation, 2016, 36: 252 - 265.

[126] LIH T, DONG B J, CAO F, et al. Improving the performance of wind energy galloping harvesting with magnetic coupling[J]. Europhysics Letters, 2021, 134 (3): 30002.

[127] REN H, ZHENG T, LIN W, et al. Dynamics and performance evaluation of wind-induced vibration of a cuboid bluff body with two ornaments[J]. Ocean Engineering, 2023, 286: 115517.

[128] HU G, TSE K T, KWOK K C S. Enhanced performance of wind energy harvester by aerodynamic treatment of a square prism[J]. Applied Physics Letters, 2016, 108(12): 123901.

[129] HU G, TSE K T, WEI M, et al. Experimental investigation on the efficiency of circular cylinder-based wind energy harvester with different rod-shaped attachments[J]. Applied energy, 2018, 226: 682 - 689.

[130] DING L, MAO X, YANG L, et al. Effects ofinstallation position of fin-shaped rods on wind-induced vibration and energy harvesting of aeroelastic energy converter[J]. Smart Materials and Structures, 2021, 30(2): 25026.

[131] 章大海，王文颢，李天娇. 非对称粗糙带对单圆柱流致振动特性影响研究[J]. 船舶力学，2019，23(10)：1177 - 1186.

[132] WANG J, SUN S, HU G, et al. Exploring the potential benefits of using metasurface for galloping energy harvesting[J]. Energy Conversion and Management, 2021, 243: 114414.

[133] WANG J, SUN S, TANG L, et al. On the use of metasurface for Vortex-Induced vibration suppression or energy harvesting [J]. Energy Conversion and Management, 2021, 235: 113991.